TRAITÉ ÉLÉMENTAIRE

SUR

L'ART DE L'ÉQUITATION.

Les formalités prescrites ayant été remplies, les contrefacteurs seront poursuivis selon toute la rigueur des lois.

Tous les exemplaires seront revêtus de la signature de l'auteur.

DE L'IMPRIMERIE DE FRANTIN,
IMPRIMEUR DU ROI.

NOUVEAU

TRAITÉ ÉLÉMENTAIRE

SUR

L'ART DE L'ÉQUITATION.

PAR N. V. WILHELM,

Membre correspondant de la Commission d'agriculture, formée
dans le sein de l'Académie de Dijon, et de la société des sciences,
agriculture et arts du département du Bas-Rhin.

DÉDIÉ A SON HONORABLE AMI,
M. LE BARON CÉSAR D'ANTHÈS.

A DIJON,

Chez { VICTOR LAGIER, LIBRAIRE, RUE RAMEAU.
{ Mlle. VALLÉE, LIBRAIRE, PLACE ROYALE.

A PARIS,

Chez Made. HUZARD, LIBRAIRE, RUE DE L'ÉPERON SAINT-ANDRÉ-
DES-ARCS, n.º 7.

1822.

Dijon, le 5 mai 1822.

MONSIEUR ET HONORABLE AMI,

L'affection et la bienveillance que vous n'avez cessé de me témoigner dans toutes les circonstances, m'ont autorisé à vous offrir la dédicace d'un petit Traité élémentaire sur l'art de l'Équitation. Je désire que cette foible production puisse vous paroître digne des connoissances que vous possédez sur cet art.

Dans tous les cas, veuillez, Monsieur, l'accueillir avec bonté et en excuser les imperfections en faveur des motifs qui m'ont déterminé à l'entreprendre.

Agréez, Monsieur et honorable ami, la nouvelle assurance de ma haute considération et de mon inviolable attachement.

WILHELM.

PRÉFACE.

Nous n'entreprendrons pas l'éloge du cheval, de cet animal si utile à l'homme dans un grand nombre de travaux; cette tâche a été remplie par les plus grands maîtres. Le célèbre de Buffon lui a consacré un éloge particulier; il lui accorde également ce caractère fier, généreux et reconnoissant; cet instinct, cette intelligence, et surtout cette bonne volonté que les écuyers ne cesseront jamais d'admirer; mais du moins il nous sera permis de gémir avec tous les bons écuyers, sur l'état déplorable de nos manèges en général.

Combien doit-on être étonné de ne pas voir rétablir dans ce beau royaume de France, les académies d'équitation, art si utile à l'homme, et si négligé depuis trente ans? On se contente actuellement de faire fréquenter aux jeunes gens le manège pendant six ou huit mois, et dans un si court espace de temps on a la prétention de faire des écuyers; aussi combien ne voit-on pas de chevaux dont l'éducation a été confiée à ces prétendus écuyers, sortir de leurs mains, estropiés et usés, colères et ramingues, pour avoir exigé de cet animal plus que ses forces ne lui permettoient d'accorder, et l'avoir brutalisé et châtié mal-à-propos?

Que diroient aujourd'hui les Duplessis, de Vandeuil, de La Broue, Pluvinel, de La Guerinière, de Bohan, Dugas, Villemotte, et surtout l'illustre duc de Newcastle, s'ils pouvoient être témoins de la manière dont l'art de l'équitation est pratiqué et suivi en France? Combien ils gémiroient avec nous de ne plus voir ces académies d'autrefois, où la jeunesse s'exerçoit au maniement des chevaux, soit pour l'agrément, soit pour la guerre!

Néanmoins, hommage soit rendu à Messieurs Franconi, qui ont porté l'art de l'équitation à un haut degré de perfection.

Qu'on examine, par exemple, plusieurs des chevaux dressés par M. Laurent Franconi, on conviendra que le Chéri présente un chef-d'œuvre de douceur et d'amabilité; le Régent un chef-d'œuvre de docilité, d'autant plus extraordinaire, que ce dernier étoit très raminguc, et pour ainsi dire indomptable, lorsque M. Franconi en a fait l'acquisition. Parlerons-nous de son Phénix, qui est le nec plus ultrà de tous les chevaux ?

Il ne nous appartient pas, et nous n'avons pas la prétention de faire ici l'éloge de ces écuyers; ils ont suffisamment fait les preuves de leurs rares talens; mais il seroit à désirer que pour couronner leurs succès, MM. Franconi voulussent donner un traité théorique sur un art qu'ils pratiquent avec tant d'avantage : c'est le vœu que forment depuis long-temps tous les amateurs.

Nous ne devons pas également omettre de parler de M. de Pons d'Hostun, ancien écuyer du Roi au manège royal des Tuileries, et élève de MM. les chevaliers Dugas et Villemotte. Les excellens et profonds principes qu'il a reçus de ces deux grands maîtres, son zèle et son travail infatigables à les perfectionner, lui ont mérité à juste titre une haute réputation dans l'art de l'équitation. D'ailleurs il a prouvé par son aimable ouvrage intitulé : *l'Écuyer des Dames*, qu'il le possède dans toute sa perfection.

Depuis la restauration, presque toutes les sciences et tous les arts ont trouvé des protecteurs dans la famille royale; espérons que l'art de l'équitation deviendra l'objet de la sollicitude toute particulière d'un des princes de cette auguste Maison, et alors on verra sous ses auspices cet art si utile refleurir, les académies fournir de bons écuyers, et la cavalerie se régénérer.

Jusqu'à présent, les ouvrages de nos plus grands maîtres traitent d'une manière générale l'art de l'équitation ; mais pour tirer parti des bons principes qu'ils contiennent, il faudroit, pour ainsi dire, déjà être écuyer. Notre but, en composant ce petit traité, a été de réunir tous les élémens de l'équitation, ainsi que ceux qui en forment les accessoires indispensables, et de les transformer en leçons, d'après notre étude et notre propre expérience, ayant eu soin toutefois d'en écarter ce qui pourroit être abstrait, ou d'une conception un peu difficile, afin de procurer aux jeunes gens qui auroient du goût pour cet art, la facilité d'apprendre à monter passablement à cheval sans le secours d'un maître, lorsqu'ils ne seront pas à même de se le procurer.

Il ne suffit pas de savoir monter à cheval ; il importe de connoître la manière de l'emboucher, le seller, le ferrer, le gouverner et de le panser ; on doit en outre connoître les maladies auxquelles il est sujet : et sous ce rapport nous n'avons pas craint d'entrer dans quelques détails.

Notre Traité est composé de trois parties, dont deux sont divisées en leçons.

La première partie renferme quatorze leçons. Dans la première leçon, l'élève apprend à connoître le nom, la situation et la division particulière des parties extérieures du cheval ; dans la deuxième, il apprend à monter sur le cheval ; dans la troisième, il travaille au pas sur le carré ; dans la quatrième, il y travaille au trot ; dans la cinquième, il travaille au trot sur le cercle ; dans la sixième, il travaille au galop sur le carré ; dans la septième, il y travaille au pas, au trot et au galop avec l'usage des étriers et des éperons ; dans la huitième, il apprend à connoître les qualités indispensables pour constituer un bon cheval ; dans la neuvième, l'âge du cheval et les moyens qu'il faut employer pour remarquer les allures défectueuses ; dans la dixième, le nom et la différence des robes ; dans la onzième, la différence des mors, des branches et des gourmettes, et la manière d'ordonner la bride suivant la structure de la bouche, de brider et débrider le cheval ; dans la douzième, tous les détails de la selle, la manière de seller et desseller ; dans la treizième, tous ceux de la ferrure et à ordonner les fers suivant la différence des pieds ; et dans la quatorzième et dernière de cette partie, l'élève apprend à gouverner et panser son cheval, soit chez lui, soit en voyage.

La deuxième partie est consacrée à enseigner les moyens de dresser un cheval. Son introduction contient quelques observations sur différentes races de chevaux indigènes, et une petite dissertation sur les qualités nécessaires à un écuyer, et les règles à observer pour dresser un cheval. Cette partie est divisée en douze leçons.

Dans la première leçon, l'élève apprend à développer son cheval à la longe sur un cercle ; dans la deuxième, il le travaille au pas sur le carré les rênes séparées ; dans la troisième, au trot sur le carré les rênes séparées ; dans la quatrième, au trot sur le cercle, les rênes séparées ; dans la cinquième, le cheval est embouché pour la première fois avec un mors, et l'élève est muni d'éperons : le travail a lieu au pas sur le carré ; dans la sixième, l'élève travaille le cheval au pas d'école sur le carré ; dans la septième, au trot sur le carré ; dans la huitième, à l'épaule en dedans ; dans la neuvième, au galop ; dans la dixième, il l'apprend à marcher la croupe au mur ; dans la onzième, il l'apprend à manier en place sans le secours des piliers ; et dans la douzième, l'élève apprend à connoître les différens vices auxquels sont sujets les chevaux, et les moyens de les réprimer. Cette partie se termine par un petit dictionnaire des termes les plus usités dans le manège.

La troisième partie est consacrée entièrement à

un traité des différentes maladies auxquelles le cheval est le plus exposé.

Nous ne nous sommes néanmoins permis à ce sujet aucune discussion hippiatrique, de crainte de nous écarter des principes d'un art aussi difficile que délicat, et que nous n'avons point étudié dans les écoles spéciales destinées pour cela. Nous nous sommes simplement borné à indiquer les maladies, les symptômes qui les annoncent, leurs causes, les suites et les moyens de les prévenir et de remédier à celles qui n'exigent pas absolument les secours d'un homme de l'art ; nous nous sommes aussi fait un devoir d'indiquer celles où la présence d'un artiste vétérinaire devient indispensable, tant à raison de leur gravité, qu'à raison des opérations à exécuter.

Puissent les avis que nous donnons dans plusieurs articles de cette partie, mettre tous les propriétaires de chevaux en garde contre cette classe d'hommes ignorans, qui, s'autorisant d'un titre usurpé, ne doutent jamais de rien, et rendent souvent les meilleurs chevaux victimes de leur orgueilleuse impéritie !

En effet, que peut-on attendre d'un homme qui ayant été valet d'un vétérinaire, et favorisé d'un peu de mémoire, aura seulement retenu le nom de quelques drogues dont il ne connoît point la propriété ? Quelle confiance peut inspirer un pareil charlatan, qui, sans instruction, sans jugement, et guidé par une routine absurde, administre des remèdes sans pouvoir en donner les motifs, et sans consulter ni le tempérament, ni la constitution du cheval.

Ce n'est qu'à des hommes brevetés des écoles vétérinaires de France qu'il faut confier ses chevaux. C'est dans ces écoles que *les Chabert, les Husard, les Hénon, les Bredin, les Girard, les Desplas,* etc., transmettent le fruit de leurs études et de leurs observations à des élèves qui, profitant des leçons de ces maîtres justement célèbres, vont ensuite

dans tous les départemens exercer un art si important et trop long-temps abandonné à des mains
inhabiles.

Cette partie se termine aussi par un petit dictionnaire des termes de l'art dont elle traite.

Nous n'avons pas la prétention d'être auteur et de
placer notre nom au rang de ceux des maîtres dans
l'art de l'équitation ; nos moyens sont beaucoup trop
foibles pour en avoir conçu l'idée ; mais transmettre
à nos jeunes concitoyens, avec la même simplicité,
les leçons telles que nous les avons reçues au manège, leur inspirer le goût d'un art si utile à leur
éducation, voilà notre unique but, et la plus douce
récompense à laquelle nous aspirons.

TRAITÉ ÉLÉMENTAIRE

SUR

L'ART DE L'ÉQUITATION.

PREMIÈRE PARTIE.

CHAPITRE I.er

ART. 1.er

Ce qu'on entend par manège.

Le terme, *manège*, a plusieurs significations. On appelle manège, le lieu destiné à instruire, à manier les chevaux et à donner des leçons d'équitation. *Manège* signifie aussi l'exercice qui est particulier à chaque cheval; ce qui fait que l'on dit souvent : Le cheval est parfaitement dressé dans *telles sortes de manèges.*

Le terrein destiné à instruire et à faire travailler *les chevaux de manège*, doit être ferme et uni; il doit former un carré long, environ de cent cinquante pieds de longueur sur cinquante pieds de largeur. Il y a des manèges couverts, d'autres qui sont décou-

verts et en plein terrein ; dans la première
espèce on se trouve à l'abri des injures du
temps, et dans la seconde, les cavaliers et
les chevaux travaillent avec plus de liberté
et de gaieté.

On a généralement remarqué qu'il est essentiel, dans un manège couvert, de faire
enlever le crottin de cheval au fur et à mesure
qu'il est fait, parce que la poussière qui en
résulte devient incommode, et sur-tout très
désagréable pour les personnes qui ont la poitrine délicate.

CHAPITRE II.

ART. 1.er

*De l'art de monter à cheval, et des qualités
nécessaires à un cheval destiné à monter
un élève au manège.*

L'ÉQUITATION est peut-être de tous les arts
celui qui exige essentiellement le concours
des qualités physiques et morales. Nous en-
tendons par *qualités physiques*, une taille
avantageuse et bien prise, les reins placés au
milieu du corps. Quant aux qualités morales,
qui sont très essentielles et sans lesquelles on
ne peut devenir parfait écuyer, nous enten-
dons ce tact fin, ce goût naturel que le maître
ne peut jamais imprimer à son élève.

Nous bannirons de nos premières leçons le trot sur le cercle, exercice aussi dur que difficile à exécuter ; l'expérience nous a démontré combien il résultoit d'accidens fâcheux de cette espèce de leçon. En effet, comment est-il possible que l'on puisse exiger d'un élève qu'on place pour la première fois à cheval, que ses mouvemens se lient avec ceux du cheval qui trotte sur un cercle ? Plus le cheval alonge le trot, plus l'élève se roidit. On lui dit bien : *Relâchez-vous, soutenez-vous*, termes encore inconnus pour lui (parce qu'on ne lui en aura pas donné l'explication), et il finit par tomber. Et pourquoi ? Parce qu'en lui criant de se soutenir, il se roidira davantage ; et en lui disant de se relâcher, il s'abandonnera trop ; et alors il ne sauroit résister au grand nombre de mouvemens irréguliers qu'il reçoit. Nous avons vu pousser cette leçon à la dernière extrémité ; on a fait trotter à la longe, à toutes jambes, et des demi-heures entières, des élèves qui n'avoient pas huit jours de manège. Quelles souffrances ! Des plaies qui ensanglantent la selle, des coliques provenant des intestins, des douleurs aiguës à la poitrine, provenant de la secousse des poumons, de grands maux de tête, et souvent des hernies, voilà le résultat d'une leçon donnée avant que l'élève ne soit en état de la supporter.

Le cheval destiné à une école d'équitation, doit être bien dressé, ferme sur les jambes, docile, brave et sage, et ne point avoir d'autre volonté que celle qui lui est imprimée par l'élève ; car c'est par là que le maître juge le plus souvent du désordre qui règne dans les mouvemens de son jeune cavalier. Le cheval doit en outre avoir les mouvemens doux et lians.

Avant de faire monter un élève à cheval, il est absolument nécessaire de lui faire examiner la structure de l'animal, et de lui faire connoître le nom et la situation de toutes les parties extérieures; et c'est ce que nous allons faire en suivant la division donnée par La Guérinière.

CHAPITRE III.

Du nom, de la situation et de la division particulière des parties extérieures du cheval.

PREMIÈRE LEÇON.

ART. 1.er

De la connoissance, de la situation et de la division des parties de l'avant-main.

La *tête*, qui est la première partie de l'avant-main, a une division particulière; elle est composée des oreilles, du front, des salières, des sourcils, des yeux, de la ganache et de la bouche.

Il est inutile de donner la définition des parties de la tête; elles sont assez connues, à l'exception cependant de la ganache et de la bouche.

La ganache est située au commencement du gosier ; elle est composée de deux os ; elle est mobile, et sert à mâcher les alimens.

La bouche est composée de ses parties extérieures et de ses parties intérieures. Les parties extérieures sont : les lèvres, les naseaux, le menton et la barbe. Les parties intérieures sont : la langue, le canal, le palais, les barres et les dents. Nous ne donnerons pas la définition des parties extérieures de la bouche, elles sont bien connues ; il en est de même de quelques parties intérieures, comme, par exemple, la langue et le palais.

Le canal forme le creux de la mâchoire inférieure, dans lequel est logée la langue.

Les barres forment les endroits de chaque côté de la bouche où il n'y a point de dents, et sur lesquels se fait l'appui du mors.

L'encolure commence au haut de la tête et se termine au garrot ; elle est bordée dans sa partie supérieure par du crin, que l'on nomme *crinière*. Il ne faut pas confondre la crinière avec le crin qui tombe sur le front entre les deux oreilles : on le nomme *toupet*.

Le gosier commence entre les deux os de la ganache, et finit au-dessus du poitrail ; il forme la partie inférieure de l'encolure.

Le garrot est situé au-dessus des épaules, à l'extrémité de la crinière.

Les épaules commencent au bas du garrot, et finissent au-dessus du bras.

Le poitrail est situé entre les deux épaules ; il commence au bas du gosier, et se termine entre les deux bras.

Les jambes de devant commencent au bas

des épaules; elles sont composées du bras, du coude, du genou, du canon, du tendon, du boulet, du paturon, de la couronne et du pied.

Le bras est la partie qui règne depuis l'épaule jusqu'au genou.

Le coude est l'os du dessus de la jambe, qui est situé auprès des côtes.

Le genou est la partie du milieu de la jambe qui lie le bras avec le canon.

Le canon est l'os qui règne depuis le bas du genou jusqu'au dessus du boulet.

Le tendon est le nerf qui est situé derrière le canon, et y règne tout du long.

Le boulet est situé entre le canon et le paturon, desquels il forme la jointure. Il existe assez ordinairement derrière chaque boulet, un petit toupet de poil qu'on nomme *fanon*.

Le paturon est situé entre le boulet et la couronne.

Le pied est la dernière partie de la jambe; il est divisé en parties supérieures et inférieures. Les parties supérieures sont : le sabot, les quartiers, la pince et le talon. Les parties inférieures sont : la fourchette, la sole et le petit-pied.

Le sabot. On entend par sabot, toute la corne qui règne autour du pied.

Les quartiers forment les deux côtés du sabot, depuis la pince jusqu'au talon.

La pince est le bout de la corne situé au-devant du pied.

Le talon est la partie qui est située à l'opposé de la pince.

La fourchette est située dans le creux du

pied; c'est une corne très tendre qui forme deux branches comme une fourche : c'est de là d'où lui vient son nom.

La sole est la corne qui se trouve entre les quartiers et la fourchette ; cette corne est plus dure que celle de la fourchette, et plus tendre que celle du sabot.

Le petit-pied est un os spongieux renfermé dans le sabot, entouré de chair; il n'est point visible, pas même quand le cheval est dessolé.

ART. 2.

De la situation et de la division des parties du corps.

Les reins sont la partie de l'épine du dos qui est située proche la croupe.

Les côtes; leur situation est bien connue.

Les flancs sont situés entre la dernière côte et l'os de la hanche proche le grasset, duquel nous parlerons dans la division de l'arrière-main.

ART. 3.

De la situation et de la division des parties de l'arrière-main.

La croupe forme la partie du dessus de l'arrière-main, qui commence auprès des reins et se termine proche la queue.

Les hanches comprennent les deux côtés de la croupe, en commençant par les deux os situés au-dessus des flancs jusqu'au grasset.

La queue; sa situation est connue.

Les fesses commencent à la partie inférieure de la queue, et se terminent auprès des cuisses.

Le grasset; sa situation est assez difficile à remarquer par les personnes qui n'ont qu'une connoissance imparfaite du cheval. *Le grasset* est situé au bas de la hanche, et à côté de la partie inférieure des flancs; il forme la jointure de la hanche avec la cuisse: on le remarque aisément lorsque le cheval marche, parce qu'alors le grasset s'avance contre le ventre.

Les cuisses commencent au bas du grasset et dans l'endroit où se terminent les fesses, jusqu'au jarret.

Le jarret est aux jambes de derrière ce que le genou est aux jambes de devant.

Les jambes de derrière; la définition et la division étant les mêmes, depuis le jarret, que celles des jambes de devant, depuis le genou, on aura recours à ces articles dans la division de l'avant-main.

Quoique nous ayons cherché à bien définir les parties extérieures du cheval, cependant, pour rendre cette définition plus sensible, nous prions l'élève de jeter un coup-d'œil sur le dessin n.º 1; il verra toutes les parties indiquées sur un tableau et marquées sur le dessin par des chiffres de renvoi.

Maintenant que notre élève a acquis la connoissance de la situation et de la division des parties extérieures du cheval, nous allons, dans la deuxième leçon, le faire monter à cheval.

CHAPITRE IV.

SECONDE LEÇON.

ART. 1.er

Manière de monter à cheval.

Aussitôt qu'on est au manège on fait placer le cheval au milieu; on l'aborde du côté de l'épaule gauche, en l'avertissant, pour ne pas lui causer de surprise, par le mot : *Ho.* Et entre la troisième et quatrième position, tenant dans la main gauche la gaule la pointe en bas, on prend avec la main droite le bouton des rênes de la bride, on élève ce bouton en ligne perpendiculaire à l'encolure du cheval, pour rendre les rênes égales; on les passe de la main droite dans la main gauche, en les séparant avec le petit doigt : on n'assujettira les rênes qu'après avoir éprouvé si elles sont assez tendues pour que le cheval en sente l'effet, ensuite on jettera le bouton sur l'épaule droite. Avec la main droite étant devenue vacante, on prendra, à environ huit ou dix pouces du garrot, une poignée de crins qu'on passera dans la main gauche pour se faire un point d'appui; ensuite avec la main droite devenue vacante une seconde fois, ou prendra le porte-étrier, *appelé en terme de l'art l'étrivière,* et on posera la pointe du pied gauche dans l'étrier, de deux pouces et demi environ en avant. (*Il est essentiel de faire observer à l'élève de lever la jambe sans baisser le corps, défaut assez commun à tous ceux qui montent à cheval pour la première fois.*) Dans cette position, la pointe du pied devant se trouver en ligne perpendiculaire avec le genou, il faut éviter de toucher le ventre du cheval, qui ne manqueroit pas d'obliquer sur le côté opposé. Ayant maintenant le pied dans l'étrier, dans cette situation on alongera le bras droit et on empoignera l'arçon du derrière de la selle le plus avant qu'on pourra; ensuite on s'élancera en tenant le corps bien droit, en s'aidant de la main gauche qui a pour point d'appui la poignée de crins, et en s'attirant de la main droite qui est cramponnée à l'arçon de derrière. Étant ainsi enlevé sur le pied gauche à la hauteur de la selle, on étendra la jambe droite en tenant le corps toujours bien droit, en avançant les hanches et en creusant les reins; on la passera avec grâce et aisance, après avoir quitté l'arçon de la main droite, par-dessus la croupe, en ayant soin de lever la jambe assez haut pour ne pas toucher le cheval. La main droite étant devenue libre, on la posera sur la bâte droite, de manière à ce que le pouce se trouve placé en dehors et les doigts en dedans. Cette précaution qui tient aux principes, empêche qu'on ne tombe lourdement en selle, et contribue beaucoup à donner de la grâce et de l'aisance.

ART. 2.

Positions des trois parties du corps de l'élève à cheval.

Sans doute si nous prenions à tâche de définir les différens rapports qui doivent existes entre les positions des trois parties du corps et les mouvemens du cheval, il faudroit supposer ne jamais parler qu'à des élèves possédant les mathématiques ; mais notre principal but étant de procurer aux amateurs qui ne seroient pas à même de fréquenter les manèges, les moyens nécessaires pour s'instruire, autant que cela est possible, d'eux-mêmes, nous renvoyons ceux qui désireroient connoître les différens rapports mécaniques qui doivent exister entre eux et les mouvemens du cheval, aux ouvrages de nos maîtres qui en ont traité.

Si cependant quelques personnes s'imaginoient qu'en possédant par cœur la théorie, elles peuvent devenir de bons écuyers, elles seroient dans l'erreur, car elles prétendroient en vain exécuter, si on ne leur a pas enseigné les moyens propres à mettre en pratique les instructions.

Maintenant que l'élève est à cheval, nous allons lui enseigner la position que son corps doit prendre ; et pour lui rendre encore plus sensibles les principes qui y sont attachés, nous diviserons le corps de l'élève en trois parties, que nous nommerons : *Partie haute, partie centrale et partie basse.*

2

Position de la partie haute.

Nous venons de dire que l'élève est à cheval; ainsi donc, pour lui enseigner les différentes positions du haut du corps, nous lui dirons : Passez la main droite par-dessous la main gauche, pour prendre la gaule, que vous passerez par-dessus l'encolure du cheval; placez la main gauche, en tenant les rênes séparées avec le petit doigt, à la hauteur et vis-à-vis le nombril, à quatre à cinq doigts du ventre, et de manière que les phalanges qui lient les doigts à la main soient perpendiculaires à l'arçon et parallèles à l'encolure; saisissez avec la main droite le bout des rênes de la bride; élevez-le à hauteur perpendiculaire au-dessus du pommeau de la selle, en ayant toujours soin de tenir la pointe de la gaule en bas, et ajustez les rênes; abandonnez ensuite le bouton des rênes, en le laissant tomber sur l'épaule droite du cheval; par ce moyen le pouce se trouvera posé diagonalement sur la rêne gauche, au niveau du pli du coude, et les quatre ongles se trouveront en face du ventre.

Dans cette situation, la main droite étant sans occupation, sauf qu'elle est munie de la gaule, il pourroit en résulter un inconvénient qui arrive assez ordinairement à tous les élèves auxquels on laisse cette main dans l'oisiveté. Cet inconvénient seroit un défaut très grave, en ce que l'épaule droite resteroit en arrière, et non-seulement donneroit de la mauvaise grâce, mais encore une mauvaise attitude qui feroit perdre l'aplomb, puisque dans ce cas le centre de gravité n'existeroit pas régulièrement.

Ainsi, pour obvier à ce défaut, il faut saisir les rênes du filet avec la main droite, en tenant toujours la gaule la pointe en bas, les ramener par-dessus les rênes de la bride avec le pouce et les deux premiers doigts; on les assujettira en les séparant avec le premier doigt, le poignet un peu haut et bombé, les ongles en-dessous, et le coude à peu de distance de la hanche.

Pour que la main droite soit bien placée, il faut que la gaule, lorsqu'elle ne sert pas, se trouve naturellement placée entre l'épaule du cheval et la cuisse du cavalier, et que l'avant-bras ne cause point de dérangement dans la partie haute du corps.

Si nous avons engagé à tenir le filet avec la main droite, ce n'est pas pour s'en servir; c'est simplement pour occuper les deux mains, afin de rendre les épaules égales et parallèles à celles du cheval.

On doit tenir la tête haute et droite sans affectation, de manière que l'on puisse voir facilement d'entre les deux oreilles du cheval la piste où on veut le conduire; avoir les épaules libres et sans gêne, ouvrir la poitrine et avancer la ceinture.

Partie centrale du corps.

Les différentes positions de cette partie sont très difficiles à saisir; nous dirons plus : c'est qu'elles sont même inconcevables pour toutes personnes qui ne peuvent en tirer des conséquences mathématiques, dérivant nécessairement de la forme circulaire du corps du cheval sur lequel on est placé ; mais au lieu de s'occuper de propositions problématiques à résoudre, nous nous bornerons simplement à enseigner les principes à suivre pour qu'un cavalier soit bien placé en selle.

A cet effet il faut trois points d'appui. Les deux premiers points se composent du haut des cuisses, et le troisième du croupion ; ces trois points doivent former un triangle ; mais pour que ce triangle soit bien régulier et avantageux, il faut avancer la ceinture et les hanches, étendre les cuisses, et les tourner en dedans ; retirer les genoux, et les fermer ; creuser le bas des reins, et placer les fesses de manière que le croupion soit forcé de porter sur la selle.

Partie basse du corps.

C'est de la position du bas du corps que dépend principalement l'aplomb, que quelques écuyers ont nommé assez mal à propos *équilibre* ; c'est cet aplomb qui donne à l'homme à cheval cette grâce, cette aisance et ces mouvemens lians et moëlleux qui constituent l'écuyer, et qu'on ne peut véritablement acquérir que par une pratique bien soutenue.

Afin d'obtenir la perfection des qualités dont nous venons de parler, il faut donc surtout s'appliquer à bien placer la partie basse

(21)

du corps. Ainsi, on tournera les cuisses sur leur plat, c'est-à-dire, qu'on fera en sorte d'appliquer sur la selle la partie de la cuisse qui présente le plus de muscles ; on les alongera sans en forcer le mouvement d'adduction ; on les abandonnera à leur propre poids, et elles prendront naturellement la position qui leur convient. On étendra les genoux : par ce moyen on parera à la contraction des muscles de l'articulation, qui pourroit donner de la dureté à la cuisse et faciliter la réaction ; au lieu qu'en relâchant modérément ces mêmes muscles, on rompra et on affoiblira de beaucoup l'action que fera éprouver le cheval, qui est un corps dur, par l'opposition d'un corps mou.

Pour que les jambes soient bien placées, il faut qu'elles suivent la position qui leur est naturellement tracée par les cuisses ; qu'elles tournent avec elles, et qu'on les laisse tomber par leur poids sans y mettre de la roideur. De ce principe, il s'ensuivra aussi que les pieds seront forcés de se tenir dans une position assurée et naturelle.

Comme dans les premières leçons on travaillera sans étriers, on tiendra la pointe du pied un peu baissée ; ce qui sera le contraire quand on travaillera avec les étriers, car alors on posera les doigts du pied sur la grille de l'étrier, en tenant le talon un peu bas.

ART. 3.

TROISIÈME LEÇON.

Travail au pas.

Dans cette leçon, nous ferons travailler l'élève au pas, sans éperons et sans lui permettre l'usage des étriers, afin de procurer à ses cuisses le degré d'alongement qui leur est nécessaire et qu'elles n'ont pas encore acquis.

Rappelons-nous que l'élève est à cheval au milieu du manège, et que ce cheval est bien dressé; mais avant de le faire travailler, nous lui rappellerons les différentes positions que doivent avoir les trois parties de son corps. L'élève étant ainsi bien placé, nous le conduirons sur la piste de la main droite : au commandement de *marchez au pas*, il faut baisser légèrement la main gauche et fléchir un peu les genoux pour faire sentir les aides des jambes au cheval ; ces deux mouvemens qui doivent être exécutés en même temps, peuvent aussi être accompagnés d'un léger coup de gaule sur l'épaule droite, mais cela sans déplacer autrement la main que pour la baisser un peu en même temps que la main gauche. A ces mouvemens des jambes et des mains, le cheval ne manquera pas d'obéir et de partir au pas. En parcourant la ligne droite pour arriver au premier coin qui se présente à gauche, il ne faut point déranger la situation des cuisses, ni des mains, ni du corps en général, car on forceroit également le cheval à se déranger,

(23)

ce qui l'empêcheroit de se contenir droit sur
la piste. Ainsi donc, on emploiera les jambes
avec justesse, c'est-à-dire, bien également,
pour maintenir le cheval droit ; on ne déran-
gera pas les mains, et on maintiendra bien
l'assiette, ainsi que nous l'avons indiqué dans
la deuxième leçon. Arrivé au coin, il faut
aider le cheval à le passer et à bien l'effacer ;
à cet effet, il faut porter la main à gauche,
et ensuite, pour sortir du coin, il faut la renverser de manière que le pouce soit tourné
du côté gauche, et le petit doigt du côté droit,
les ongles un peu en l'air, et la porter ainsi
plus ou moins sur la droite, suivant la sensibilité des barres, afin de déterminer les
épaules du cheval à se porter à droite, et aussitôt que le cheval aura obéi, on maintiendra
la tête et l'encolure en sentant un peu la rêne
gauche pour que ces deux parties n'obéissent
pas seules aux mouvemens de la main ; on
aidera aussi le cheval par l'effet des jambes
pour ne point ralentir le mouvement de la
masse, et on l'aidera particulièrement de la
jambe droite pour déterminer régulièrement
l'arrière-main. On a aussi dans ce cas un principe à observer dans la position du corps ;
lorsque le cheval se porte à droite, la partie
gauche reste naturellement en arrière, et
c'est précisément ce défaut qu'il faut éviter
en avançant sans affectation et impercepti-
blement l'épaule et la hanche gauche ; car
sans cette précaution on perdroit l'aplomb
et on auroit mauvaise grâce. Dès que le cheval sera sorti du coin et se trouvera sur la
ligne, on replacera la main et les jambes.

Après avoir ainsi travaillé à main droite, on fera un *à droite* à une des extrémités du manège; pour cela, on renversera également la main gauche, les ongles un peu en l'air, et on la portera sur la droite en aidant le cheval de la jambe droite et en le soutenant de la jambe gauche; dès que l'*à droite* sera exécuté, on replacera la main et les jambes et on traversera ainsi en longueur tout le centre du manège. Arrivé à l'autre extrémité, on fera un *à gauche*, en employant les moyens opposés pour faire un *à droite*, c'est-à-dire, qu'on arrondira un peu la main gauche, les ongles en dessous, et on la portera sur la gauche, en aidant le cheval des jambes, particulièrement de la jambe gauche, en le soutenant légèrement de la jambe droite, et on travaillera à main gauche; c'est ce qu'on appelle *changer de main*; pour prendre un coin qui se présente à droite, il faut également employer les moyens opposés à ceux que nous avons enseignés pour prendre un coin *à gauche*.

Beaucoup d'écuyers sont dans l'habitude de faire passer les rênes de la bride, du filet et la gaule alternativement dans la main gauche et dans la main droite, selon la main sur laquelle on travaille.

En rendant hommage à la justesse des principes, nous croyons néanmoins qu'on peut se dispenser de cette formalité; car l'expérience nous a démontré que ce changement de rênes d'une main à l'autre, au moment d'exécuter les changemens de main, ne servoit la plupart du temps qu'à embrouiller les élèves, à leur faire perdre l'aplomb et à les empêcher de contenir leurs chevaux.

Supposons que notre élève ait travaillé pendant une demi-heure, dès-lors il convient de faire halte. Pour bien exécuter ce mouvement de *halte*, il faut diminuer l'effet des jambes et ramener la main avec égalité de force et de direction sur les deux rênes ; le cheval obéira facilement, si la tête, l'encolure et les épaules se trouvent en ligne directe. Il faut aussi prendre garde qu'au moment de l'arrêt le haut du corps ne fasse pas un mouvement en avant, défaut auquel on pourra facilement remédier, en opposant de la résistance avec les reins. Le cheval étant ainsi arrêté, on lui rendra les rênes et on le caressera.

Pour mettre pied à terre, on emploiera les mêmes principes que pour monter à cheval, mais en sens inverse. Lorsqu'on sera à terre, on décrochera la gourmette, car l'oubli de cette formalité est puni d'une amende dans un manège.

Cette leçon devra être répétée plusieurs jours de suite, et jusqu'à ce que l'on remarque que l'élève ait pris un certain aplomb et qu'il ne se dérange plus dans les différens mouvemens qu'il est obligé d'exécuter pour prendre les coins et pour changer de main.

ART. 4.

QUATRIÈME LEÇON.

Travail au trot sur le carré.

Notre élève possédant maintenant bien la leçon du pas, nous allons le mettre au trot, mais toujours en commençant les reprises par quelques tours de manège au pas, avec les différens changemens de main, ainsi que cela se pratique suivant les principes.

L'instant où l'élève paroîtra à son aise, juste dans ses positions, et bien assis, sera celui que nous choisirons pour lui commander le trot. Pour partir au trot, il faut rassembler le cheval, rendre la main et la reprendre sur-le-champ, approcher les jambes un peu vivement et bien également; en cheminant on rendra la main tout doucement, jusqu'à ce qu'elle soit bien replacée. Il faut faire attention surtout de ne pas se roidir au départ du cheval.

En marchant ainsi au trot, il faut se rappeler la position que doivent avoir les trois parties du corps; ne pas se roidir, tourner les cuisses sur leur plat en tournant les hanches, les abandonner ainsi que les jambes à leur propre pesanteur; ce n'est que par ce moyen qu'on obtiendra la liaison qui doit exister entre les mouvemens du cheval et ceux du cavalier; avoir la tête haute, droite; ouvrir la poitrine et avancer la ceinture; cette dernière position, surtout, forcera les jambes à se bien placer.

Pour prendre les coins et changer de main

au trot, on se sert des mêmes moyens que pour prendre les coins et changer de main au pas ; seulement, l'aide des jambes doit être employée avec un peu plus de vivacité pour que la vîtesse du trot ne se ralentisse pas.

Il ne faut jamais terminer la reprise au trot sans avoir remis le cheval au pas ; à cet effet, pour passer de l'allure du trot à celle du pas, on exécutera un demi-arrêt en ramenant un peu la main gauche et en approchant légèrement les jambes pour maintenir la masse du cheval en mouvement. Aussitôt que le cheval aura obéi, on replacera la main et les jambes.

C'est par la leçon du trot qu'un cavalier acquiert de la souplesse et de l'aplomb. La durée de cette leçon ne peut être déterminée ; elle sera toujours subordonnée au progrès que fera l'élève ; ainsi, on le laissera à cette leçon jusqu'à ce qu'il paroisse assez familiarisé avec les différens changemens de main, et bien confirmé dans l'aplomb et dans l'opération des mains et des jambes.

Au fur et à mesure que l'élève fera des progrès, on exigera du cheval un trot plus franc et plus alongé, que l'on déterminera suivant les circonstances, même avec la chambrière.

Dès qu'on remarquera que l'élève aura acquis une certaine solidité dans l'assiette, ce qui constitue l'aplomb, une certaine souplesse, qui constitue la grâce et l'aisance, joint à cela la justesse dans l'opération de la main et des jambes, on le jugera capable de passer à la leçon du cercle.

ART. 5.

CINQUIÈME LEÇON.

Travail au trot sur le cercle.

Il est temps de faire pratiquer à l'élève la leçon du cercle, mais toujours sans étriers, afin de le bien confirmer dans les positions que doivent avoir les trois parties de son corps.

Ainsi donc, étant placé au cercle sur la piste à droite, pendant qu'on cheminera au pas, on arrondira la main jusqu'à ce qu'on ne sente légèrement la rêne droite; par ce moyen on ramènera un peu la tête du cheval en dedans; ensuite on partira au trot, en ayant soin de toujours sentir légèrement la rêne de dedans et la jambe de dehors.

Les changemens de main sont faciles à exécuter; il faut seulement avoir soin, au moment où on prendra la piste à gauche, de changer la position de la main et l'opération des jambes; c'est-à-dire, que la main devra être renversée, les ongles un peu en l'air, au lieu d'être arrondie; par ce moyen on obtient la tension de la rêne gauche, et on ramènera la tête du cheval à gauche.

C'est par la pratique de cette leçon bien ordonnée, qu'un cavalier perfectionne son aplomb et acquiert de l'aisance. Elle doit donc être répétée plus ou moins de temps, suivant les progrès que l'on fera.

On se bornera au trot, mais cette allure devra être franche, hardie et alongée. Il sera à propos aussi de changer souvent de cheval et de selle si cela se peut.

Nous n'avons pas jugé convenable de donner ici des explications sur les différentes opérations de la main et des jambes, pratiquées dans cette leçon ; nous les ferons connoître dans l'*Art de dresser les chevaux*.

ART. 6.

SIXIÈME LEÇON.

Travail au galop.

Dans cette leçon on mettra l'élève au galop, en ayant toujours soin de lui faire commencer les reprises au pas, puis au trot avec les différens changemens de main, mais de manière à ce qu'au moment du galop le cheval se trouve sur la piste à droite ; (c'est ce qu'on appelle galoper à droite.)

L'instant où on apercevra qu'il règne une parfaite liaison entre les mouvemens de l'élève et ceux du cheval, et que l'un et l'autre seront bien d'aplomb, sera celui qu'on saisira pour commander le galop.

Pour partir au galop, il est essentiel que le cavalier rende souples et moëlleuses les charnières de ses reins et de ses genoux, afin de maintenir l'aplomp, qui se perdroit infailliblement si ces deux parties cessoient un instant leurs fonctions ; c'est aussi dans cette allure que la division des trois parties du corps du cavalier est la plus apparente, parce que la partie immobile doit être parfaitement liée avec les mouvemens du cheval, et que les deux parties mobiles sont dans une variation continuelle pour maintenir l'équilibre de la masse entière.

Puisque le cheval est supposé bien dressé, on se bornera simplement (pour ne pas embrouiller l'élève dans des principes dont il ne peut encore apprécier les conséquences), à lui faire exécuter machinalement les mouvemens nécessaires tant de la main que des jambes pour mettre le cheval au galop.

Ainsi donc, pour partir au galop à droite, on doit rassembler son cheval, renverser la main, les ongles en l'air, jusqu'à ce qu'on ne sente la tension de la rêne gauche qui forcera le cheval de porter sa tête à gauche, et rendra plus libre l'épaule droite et par conséquent la jambe du même côté qui est celle qui doit partir la première (c'est ce qu'on appelle galoper sur le pied droit); on aidera le cheval par l'effet des jambes en faisant dominer la jambe droite ; aussitôt que le cheval aura obéi, on lui ramènera la tête un peu en dedans en sentant la rêne droite, en arrondissant la main, les ongles un peu en dessous, et on tiendra les jambes près pour maintenir le cheval en action et entretenir également le mouvement cadencé de l'arrière-main (c'est ce qu'on appelle sentir le cheval entre les jambes). Il faut avoir en même temps le haut du corps un peu en arrière ; on recueillera de cette position de la liberté et de l'aisance. Dès qu'on sentira un relâchement dans la vîtesse, on rendra légèrement la main et on la reprendra sur-le-champ, en ayant soin de toujours entretenir les jambes au même degré de pression.

En galopant ainsi, il faut se préparer à prendre le coin qui se présente à gauche ; à cet effet, il ne faut pas déranger la main afin de conserver le pli du cheval, se contenter de la porter un peu sur la gauche ; et nécessairement la jambe droite de l'avant-main se trouvera toujours en avant, parce qu'elle sera forcée de conserver une certaine supériorité sur la jambe gauche. Pour sortir du coin, on rapportera la main sur la droite, action qui empêchera le second enlever de l'avant-main ; par ce moyen, la pression des jambes opérée également chassera l'arrière-main et forcera la jambe gauche de cette main à pirouetter sur le talon, pendant que l'avant-main se portera sur la nouvelle piste. On aura l'attention de proportionner à la vîtesse du galop, la dextérité avec laquelle on exécutera les mouvemens de la main et des jambes.

Pour changer de main au galop à droite, on portera la main sur la droite et on aidera le cheval par la pression de la jambe droite ; le cheval étant déjà plié, exécutera facilement cette évolution ; mais il n'en sera pas de même pour reprendre la piste à gauche (ce qu'on appelle galoper à gauche) ; à cet effet, et aussitôt qu'on sera parvenu à l'autre extrémité du manège, on fera un temps d'arrêt. Pour bien l'exécuter, on fera disparoître la tension de la rêne droite, et on ramènera la main à soi en diminuant l'effet des jambes ; par ce moyen, on fera également disparoître le pli du cheval, ce qui remet les épaules et les hanches égales entre elles. Le cheval ayant repris son aplomb comme s'il étoit au pas,

on profitera de la circonstance et on le rassemblera de nouveau ; on arrondira la main,
les ongles un peu en dessous, jusqu'à ce
qu'on ne sente la rêne droite suffisamment
pour rendre libre l'épaule gauche, en faisant
sentir l'aide à gauche, ce qui forcera la jambe
gauche de l'avant-main à gagner le devant
sur celle de droite (c'est ce qu'on appelle
galoper sur le pied gauche). Lorsque le cheval aura obéi, on renversera la main, également les ongles un peu en l'air, jusqu'à ce
qu'on ne sente la rêne gauche, afin de ramener la tête du cheval sur le dedans.

Les changemens de main, de gauche à
droite, et la prise des coins au galop à gauche, s'exécutent par les mêmes moyens en
sens inverse, que les changemens de main
de droite à gauche et que la prise des coins
au galop à droite.

Une fois que l'élève aura pratiqué cette
leçon avec fruit, il éprouvera le plus grand
agrément et le plus grand plaisir à l'exécuter.

Avant de terminer les reprises au galop,
il faut toujours mettre le cheval au trot, puis
au pas.

ART. 7.

SEPTIÈME LEÇON.

*Travail au pas, au trot et au galop, avec l'usage
des étriers et des éperons.*

Etant à présent certain que les cuisses de
l'élève ont acquis le degré de tension nécessaire, nous le ferons travailler dans cette

leçon, au pas, au trot, et au galop, avec l'usage des étriers et des éperons.

Pour fixer la longueur des étrivières ou porte-étriers, il faut se rappeler la position que doivent avoir les jambes, chausser l'étrier de manière à ce que le gros du pied porte sur la grille ; le talon doit être environ un pouce plus bas que la pointe du pied; par ce moyen, les étriers porteront le poids des jambes.

Les étrivières, soit trop longues, soit trop courtes, sont deux grands défauts à éviter ; le premier force le cavalier à se roidir pour chercher l'étrier avec la pointe du pied, ce qui lui ôte toute fixité : le second seroit la cause de l'anéantissement du poids des jambes, ce qui nécessairement lui feroit perdre l'aplomb, la grâce et la tenue.

Quant aux éperons, ils doivent être fixés au-dessus et immédiatement après le talon de la botte, de manière à ce que la molette soit placée directement sur la couture. Nous invitons aussi les cavaliers à ne point suivre de mode pour la forme des éperons, et de rejeter ceux à coulisse, parce qu'on n'est pas maître de les bien fixer : ainsi il faut toujours donner la préférence à ceux dont les branches sont terminées par des boutons et une boucle, et ayant la molette horizontale.

Deux choses principales doivent maintenant occuper l'élève ; c'est la justesse de sa main gauche, et la conservation du poids de ses jambes dans les momens où il s'en ser-

vira , particulièrement dans les pressions
égales.

M. de Bohan dit à cet égard : « les étriers
« deviennent une espèce de balance , qui
« sert à avertir le cavalier du déplacement
« de son corps , ou de la roideur de quel-
« ques-unes des parties , et au bout de quel-
« ques jours , ils lui donnent le sentiment
« d'une justesse qu'il n'avoit pas encore con-
« nue. »

Après avoir fait travailler suffisamment
l'élève au pas , au trot et au galop , avec
l'usage des étriers et des éperons , nous lui
ferons connoître les beautés et les défectuosités des parties extérieures du cheval.

CHAPITRE V.

HUITIÈME LEÇON.

*Des qualités indispensables pour constituer
un bon cheval.*

La force et la bonne constitution du cheval
consistent dans la conformation de ses parties , tant extérieures qu'intérieures ; cependant nous nous bornerons simplement à dé-
tailler les qualités que doivent avoir les parties extérieures , en suivant le rang que nous
leur avons assigné dans le chapitre III.

Mais afin de pouvoir faire un examen fruc-
tueux de toutes ces parties qui forment l'ensemble du cheval , il ne faut pas se laisser

séduire par la figure, ni par le langage et les supercheries qu'emploient ordinairement les maquignons; il faut au contraire toujours avoir pour principe, de se prévenir contre un cheval que l'on veut acheter, afin de pouvoir en être juge sévère. Ce n'est donc qu'avec une telle résolution que l'on parvient aisément à se mettre à l'abri de toutes les manœuvres trompeuses mises en usage par tous les maquignons.

Nous allons examiner dans le plus grand détail les parties extérieures, en indiquant les bontés et les défectuosités de chaque partie, d'après M. de la Guérinière.

ART. 1.er

Détail des parties de l'avant-main.

TÊTE.

La tête doit être petite et sèche, de manière à ce que l'on puisse apercevoir des veines qui se trouvent placées le long de la tête, descendant des deux côtés, depuis les yeux jusqu'aux côtés des deux naseaux. Une tête chargée de chair expose ordinairement le cheval au mal des yeux, et peut même faire craindre pour la vue. Une tête trop volumineuse et mal attachée, rend le cheval lourd et pesant à la main, ce que l'on peut regarder comme un des plus grands défauts dans un cheval destiné à l'usage de la selle.

OREILLES.

Des oreilles bien placées doivent être au haut de la tête. Lorsqu'un cheval marche et qu'il porte la pointe des oreilles en avant, on pourroit considérer cela comme un signe d'effronterie et de fierté.

L'on distingue un cheval malin ou colère, par la manière dont il porte ses oreilles; on peut regarder comme tel, tout cheval qui porte une oreille en avant et l'autre couchée en arrière. En général, les oreilles doivent être petites et déliées; les chevaux qui les ont trop épaisses et pendantes, se nomment *oreillards*; ceci n'est qu'un défaut contre la beauté, et non contre la bonté, et nous en avons la preuve dans les chevaux du *Morvand* (département de la Nièvre), qui presque tous sont oreillards : ces espèces de chevaux, qui ne sont pas connus dans le grand commerce, sont néanmoins très recherchés à cause de leur bonne constitution, de leur force et de la solidité de leurs jambes.

SALIÈRES.

Les salières doivent être pleines; lorsqu'elles sont creuses, cela annonce que le cheval est âgé ou engendré d'un vieux étalon : dans ce dernier cas, le cheval n'a jamais autant de force et de vigueur que celui qui a été engendré par un jeune étalon.

YEUX.

La plus belle partie de la tête du cheval, c'est l'œil. Cette partie est aussi la plus délicate, et la plus difficile à connoître. Il faut que l'œil soit clair, vif et même effronté; pour s'en assurer, on doit faire placer le cheval au grand jour; mais cependant de manière à ce que le soleil ne puisse produire aucune réflexion sur l'œil ; on examinera alors si la vitre (appelée en terme de l'art , *cornée lucide*), se trouve bien claire et transparente, si la prunelle paroît nette et sans trouble ; s'il en étoit autrement, cela annonceroit que l'œil est menacé d'une affection quelconque ; on pourroit même augurer qu'il est sujet à la fluxion périodique , laquelle occasionne ordinairement la cécité au bout du huitième ou neuvième mois ; dans ce cas , on ne doit pas hésiter de renoncer à faire l'acquisition du cheval.

GANACHE.

La ganache est encore une partie de la tête qu'il faut examiner avec précaution. Il faut que l'entre-deux des os soit bien évidé , et que l'on n'y trouve aucune glande ni grosseur. Si le cheval n'avoit pas encore six ans , et que pareille chose se rencontrât, on pourroit présumer que ce seroit un sigue de gourme ; mais s'il avoit passé sept ans , et qu'au toucher de la glande , le cheval éprouvât de la douleur , ce seroit un signe qui pourroit presque faire soupçonner qu'il existe un principe de morve ; nous conseillons donc en pareil cas d'abandonner le cheval.

BOUCHE.

Il faut que la bouche ne soit ni trop fendue ni trop petite , et qu'elle soit généralement proportionnée à la longueur de la tête (1).

____

(1) Voyez les proportions géométriques du cheval dans Bourgelat.

La bouche trop fendue a l'inconvénient de recevoir le mors trop près des dents machelières, et par cette circonstance, exposeroit le cavalier souvent à de grands dangers, puisque l'action du mors n'auroit pas lieu sur le véritable endroit des barres. Lorsqu'elle est trop petite, le mors ne peut porter en son lieu sans faire froncer les lèvres, ce qui les expose à des meurtrissures inévitables causées par l'effet de la gourmette. En général, si, lorsqu'un cheval est bridé, l'on voit sortir de sa bouche une belle écume blanche, cela annonce qu'il goûte bien le mors et qu'il a un bon tempérament.

NASEAUX.

Un cheval doit avoir les naseaux bien ouverts afin de ne pas être gêné dans la respiration au moment d'une course rapide.

Anciennement les Hongrois faisoient fendre les naseaux à leurs chevaux, non pas pour leur faciliter la respiration, mais pour les empêcher de hennir ; car la bonne et libre respiration tient à la bonne constitution des poumons.

On doit aussi examiner l'intérieur des naseaux, pour voir s'il n'y existe point de chancre, affection qui dénoteroit l'existence de la morve ; tandis qu'un beau vermeil seroit un signe que le cheval a le cerveau bien constitué.

LANGUE.

Il faut que la langue soit mince et déliée, afin qu'elle puisse facilement se loger dans le canal ; une langue épaisse déborderoit les

barres et empêcheroit nécessairement l'effet
du mors. Il faut aussi examiner si le cheval
ne laisse pas sortir la langue, soit d'un côté,
soit d'un autre ; ce seroit un grand défaut,
tant sous le rapport de la beauté que sous
celui de la bonté.

BARRES.

L'examen des barres doit se faire avec soin.

Il faut voir surtout si elles ne sont pas trop
charnues ; ce seroit un défaut qui rendroit
cette partie presque insensible à l'effet du
mors. Des barres au contraire trop décharnées et par conséquent trop tranchantes, met-
troient le cheval dans le cas de battre à la
main, ce qui est un défaut considérable ; car,
indépendamment de ce que le cheval fatigue
beaucoup son cavalier par les mouvemens
qu'il fait avec sa tête, il est encore sujet à
faire de faux pas.

ENCOLURE.

L'encolure doit être proportionnée à la
taille du cheval. Elle ne doit être ni trop longue, ni trop menue, ni trop effilée ; car, dans
ce cas, le cheval seroit sujet à donner des
coups de tête pour se soulager. Si au contraire
elle étoit trop charnue, trop courte ou trop
épaisse, le cheval ne manqueroit pas de peser
à la main.

GARROT.

Il faut que le garrot soit sec et élevé ; ces
deux qualités annoncent de la liberté dans
les épaules, et empêchent la selle de les frois-
ser. Le garrot qui est trop chargé de chair, ou

qui est trop rond, est sujet à des blessures qui sont ordinairement très dangereuses, et longues à guérir.

ÉPAULES.

C'est des épaules que dépend l'assurance et la franchise des mouvemens de l'avant-main. Il faut donc examiner avec attention si cette partie n'est pas affectée de trois défauts essentiels, qui sont : les épaules trop chargées, trop serrées et chevillées. Le cheval qui est trop chargé d'épaules, est ordinairement lourd et pesant, bronche souvent, et par conséquent n'est pas d'un bon usage pour la selle. S'il a les épaules trop serrées, la poitrine alors n'étant pas assez ouverte, le cheval manque de force, est sujet à se croiser, à se couper en marchant, et même à tomber souvent. Mais le défaut le plus considérable, c'est lorsque les épaules sont chevillées ; pour s'en assurer, l'on fait marcher le cheval au pas, puis au trot ; s'il a les épaules chevillées, l'on remarquera aisément que les mouvemens de l'avant-main ne viennent que du bras et de la jambe, tandis que chez le cheval qui n'est point affecté de ce défaut, les mouvemens se manifestent principalement dans les épaules.

Enfin, suivant M. de la Guérinière, tout cheval qui a les épaules chevillées, est sujet à broncher, à peser à la main pour se soulager, et se trouve bientôt ruiné des jambes. Il pense de même des chevaux qui sont trop chargés ou trop serrés des épaules.

POITRAIL.

Il ne faut pas que le poitrail soit trop avancé, ce seroit une défectuosité considérable pour un cheval destiné à l'usage de la selle. Ce défaut est facile à connoître ; le cheval qui en est affecté a les jambes de devant retirées sous le derrière des épaules (c'est ce qu'on appelle un cheval droit sur jambes ou sur son devant) ; ces sortes de chevaux sont sujets à tomber sur le nez et à s'appuyer sur le mors.

DES JAMBES DE DEVANT.

Il faut que les jambes soient proportionnées à la taille du cheval. Des jambes trop élevées doivent être considérées comme un défaut, parce que, dans pareil cas, le cheval manque de force et d'assurance ; si au contraire les jambes sont trop courtes, le défaut est encore plus considérable ; car ces sortes de chevaux non seulement marchent sur les épaules, mais ils sont encore exposés à ce que la selle leur tombe sur le garrot, ce qui causeroit évidemment des blessures dangereuses. Les jumens sont très sujettes à ce dernier défaut, parce qu'elles sont pour la plupart basses du devant.

Les jambes bien placées doivent tomber perpendiculairement depuis le dessus du bras jusqu'au boulet. Lorsque le cheval marche, il doit poser ses pieds à plat ; car s'il posoit le talon le premier, il seroit à craindre qu'il n'eût déjà été affecté de la fourbure (1). Quand

______

(1) Cette maladie est sujette à des rechutes.

il pose au contraire la pince la première, cela annonce qu'il a été fatigué au collier ; il est dans ce cas sujet à broncher, et ne peut en conséquence nullement être d'un bon service pour la selle. Pour s'assurer de ce dernier défaut, qui nous paroît assez considérable, il faut lever les pieds et examiner les fers ; si l'on remarque qu'ils sont usés à la pince, nul doute que le cheval ne soit sujet à ramper, et dans ce cas on doit l'abandonner.

COUDE.

Le coude ne doit être ni trop serré, ni trop ouvert.

Dans le premier cas, le cheval porte nécessairement les jambes en dehors ; et dans le second, il les porte en dedans ; enfin les deux situations annoncent de la foiblesse dans cette partie.

BRAS.

C'est dans le bras que siège la plus grande force de la jambe ; il faut donc l'examiner avec un soin particulier.

Le bras doit être large et nerveux ; les muscles en doivent être gros et bien apparens ; il faut surtout remarquer que, plus le cheval a le bras long, plus il est de résistance pour le travail. Mais nous devons aussi faire remarquer aux amateurs, que le cheval qui a le bras court, manque en effet de force, mais qu'il en a le pli de la jambe beaucoup plus beau.

En général, un bras plat et décharné annonce une foiblesse considérable qui nuiroit beaucoup aux bons services qu'on seroit en droit d'attendre d'un cheval.

GENOU.

Le genou est aussi une des parties qu'il faut examiner avec beaucoup d'attention. Il faut voir et s'assurer s'il n'y existe point d'enflure, ou de petites places sans poils, ou garnies de poils blancs ; car s'il en étoit ainsi, cela annonceroit que le cheval est sujet à tomber et que ses jambes sont usées. *On dit qu'un cheval est couronné*, lorsqu'il est affecté des marques dont nous venons de parler.

Il faut voir aussi de quelle manière le genou est situé lorsque le cheval est en place ; s'il avoit le genou plié en avant, et que la jambe fût retirée en dessous, ce seroit une preuve que les jambes ont été fatiguées et travaillées de longue main ; et dans ce cas, l'on remarqueroit facilement que le cheval tremble sur ses jambes après avoir marché un peu vîte. Enfin, suivant M. de la Guérinière, il faut que le genou soit plat et large, et qu'il n'y ait pour ainsi dire que la peau sur les os.

CANON.

Le canon doit être gros, uni et plus plat que rond.

Lorsqu'il est trop mince, cela dénote de la foiblesse ; il faut aussi, en glissant la main le long du canon, s'assurer s'il n'existe pas, soit en dedans, soit en dehors, des petites grosseurs, que l'on nomme *suros, fusées et osselets* ; accidens auxquels cette partie est sujette, et qui, selon nous, seroient des défectuosités essentiellement nuisibles à la bonté du cheval.

DU NERF OU TENDON DE LA JAMBE.

Le nerf doit également être examiné avec soin ; car c'est de cette partie que dépend la solidité de la jambe. Il faut qu'il soit détaché et un peu éloigné du canon ; qu'il soit gros, sec et sans humeurs.

Les chevaux qui ont le nerf mince manquent de force et sont menacés d'une ruine prochaine ; la plus petite fatigue les met dans le cas de broncher.

Il faut aussi avoir soin de glisser la main tout le long entre le canon et le nerf, afin de s'assurer s'il n'y siège déjà pas quelques humeurs séreuses, qui annonceroient un engorgement des jambes travaillées et usées. Ces sortes de chevaux doivent être rejetés, parce qu'ils ne seroient pas capables de rendre les services qu'on pourroit en exiger.

BOULET.

Le boulet doit être gros, sec et nerveux. Le cheval qui a le boulet trop menu, est exposé à avoir des molettes. Il faut aussi faire attention s'il n'existe pas une grosseur sous la peau, en forme de cercle autour du boulet, ce qu'on appelle un boulet couronné ; si cela étoit, selon M. de la Guérinière, ce seroit une preuve certaine de jambes usées par le travail.

PATURON.

Il faut que le paturon ne soit ni trop long ni trop court.

Le cheval qui a le paturon long (ce qu'on appelle *long jointé*), est bientôt ruiné et n'est bon que pour la parade ; celui qui a le paturon trop court (ce qu'on appelle *court jointé*), est exposé à devenir bouleté ; il est encore sujet à broncher et même à tomber souvent.

Le poil du paturon doit être bien uni. Il faut surtout examiner s'il n'est pas hérissé près la couronne ; si cela étoit, ce seroit une preuve qu'il existe une gratelle farineuse, *qu'on nomme peignes*, et qui tient la couronne enflée.

COURONNE.

Il faut que la couronne soit unie et accompagnant bien la rondeur du sabot autour du pied ; si elle étoit plus élevée que le pied, cela annonceroit une couronne enflée.

DU PIED ET DE SES PARTIES.

Le pied ne doit être ni trop grand ni trop petit ; il faut qu'il soit généralement proportionné à la structure du corps et des jambes.

Le cheval qui a de grands pieds, est sujet à se déferrer ; celui au contraire qui les a trop petits, est exposé à l'encastelure et à avoir les pieds douloureux.

Le sabot doit être presque rond, toujours un peu plus large en bas que dans le dessus ; la corne doit être bien unie. Si l'on remarquoit des élévations en forme de cercle sur la corne, on pourroit en augurer que le pied est altéré.

On prétend que la corne brune-luisante est la meilleure. Ce qu'il y a de certain, c'est que la corne blanche est sèche, cassante, et qu'en ferrant, il arrive souvent que les rivets des clous la font éclater. Il faut aussi examiner attentivement si la corne n'est pas trop tendre et raboteuse ; cela dénoteroit une corne nouvelle produite à la suite d'une opération, ce qui alors rendroit nécessairement foible cette partie.

On nomme *pieds plats*, ceux dont les quartiers se trouvent trop en dehors et dont le sabot est trop large par en bas ; ceci est une des plus grandes défectuosités, en ce qu'il résulte que les quartiers ou les talons sont mauvais et par conséquent font souvent boiter le cheval.

Lorsque au contraire les quartiers sont trop serrés et que le sabot se trouve trop rapproché de la fente de la fourchette, le cheval est ce qu'on appelle *encastelé;* dans ce cas, le petit pied se trouvant trop gêné et trop pressé, il en résulte une assez forte douleur qui fait aussi boiter le cheval. L'encastelure est un défaut d'autant plus considérable, que les chevaux qui en sont atteints, sont sujets aux *seimes* et à la *bleime.*

Après avoir ainsi examiné toutes les parties extérieures du pied, il faut le lever et bien examiner les parties intérieures, qui sont la sole et la fourchette.

Il faut que la sole soit forte et point desséchée ; il faut aussi qu'il y ait un creux entre la corne de la fourchette et celle du sabot ; autrement, si la sole se trouvoit plus élevée que la corne du sabot, ce seroit une défectuosité qu'on nomme *pied-comble.* Les chevaux affectés d'un pareil défaut ne sont tout au plus bons qu'à l'emploi du labourage, parce qu'ils ne peuvent presque pas marcher sur un terrain ferme, sans éprouver de la douleur.

La corne de la fourchette doit être bien nourrie, sans cependant être trop grasse ; la fourchette qui seroit trop maigre et desséchée peut faire présager une encastelure très prochaine.

ART. 2.

Détail des parties du corps.

DES REINS.

La force des reins devient essentiellement nécessaire, tant pour les chevaux destinés à l'agrément du manège, que pour ceux destinés à l'utilité des voyages. Pour cela il faut que les reins soient courts, et que l'épine du dos soit ferme, large et unie.

Lorsqu'un cheval a l'épine du dos trop basse et qu'elle n'est pas unie, on le nomme *cheval ensellé* ; ceci est un grand défaut ; d'abord ces sortes de chevaux sont très difficiles à bien seller ; ils se lassent facilement et ne peuvent pas à beaucoup près porter aussi pesant qu'un autre.

En général, lorsqu'on remarque un petit creux qui règne le long dans le milieu de l'épine du dos, cela annonce de la vigueur ; c'est ce qu'on appelle vulgairement *reins doubles*.

L'on peut encore s'assurer de l'état des reins, en pressant cette partie avec la main, les doigts étendus dessus ; si le cheval se trouve avoir les reins foibles, il ne manquera pas de baisser les hanches et d'alonger la croupe pour se soustraire à la douleur que lui occasionnera la pression ; si au contraire il résiste, nul doute sur la vigueur et la force de cette partie.

DES COTES.

On rencontre quelquefois deux espèces de défectuosités dans cette partie ; la première, lorsque les côtes qui joignent les flancs, sont retroussées ; la seconde, lorsque les côtes sont serrées, plates et avalées.

Il nous a paru, d'après l'expérience, que le premier défaut n'est nuisible qu'à la beauté ; mais le second donne souvent lieu à des inconvéniens très fâcheux ; nous avons cru remarquer que le cheval qui en est atteint, manquoit d'haleine, et est sujet à être souvent blessé par la selle.

Pour s'assurer s'il n'existe aucun des vices que nous venons de signaler, il faut examiner si les côtes prennent en rondeur depuis l'épine du dos jusqu'au-dessous de la poitrine, ainsi qu'on doit l'exiger pour que cette partie soit sans défauts.

DU VENTRE.

Le ventre ne doit pas descendre plus bas que les côtes ; il faut qu'il soit proportionné en largeur à la taille du cheval.

Les chevaux qui ont le ventre gros et plein (ce qu'on appelle *ventre avalé* ou *ventre de vache*), sont sujets à être atteints de la pousse.

DES FLANCS.

Il faut que les flancs accompagnent la rondeur du ventre et des côtes jusqu'au-dessus des hanches.

On dit qu'un cheval est efflanqué, lorsque cette partie n'est pas assez remplie. Ordinairement, un cheval qui est affecté d'une douleur quelconque, surtout à l'arrière-main, est toujours efflanqué.

Il faut aussi examiner avec attention si les flancs ne sont pas altérés, c'est-à-dire, s'ils ne battent pas beaucoup plus qu'à l'ordinaire et avec un mouvement irrégulier ; si cela étoit, ce seroit un signe qui annonceroit que le cheval est malade ou poussif, ou qu'il doit le devenir très prochainement.

Mais afin de bien juger les flancs, il faut observer le cheval dans son repos ; et si alors dans cette situation l'on remarque que les flancs soient agités ou altérés, il faut l'abandonner.

Art. 3.

Détail des parties de l'arrière-main.

DE LA CROUPE.

Il faut que la croupe soit large et ronde ; la croupe étroite et pointue annonce de la foiblesse dans les hanches ; c'est ce qu'on nomme communément *croupe de mulet* ou *croupe avalée*.

On a remarqué que les chevaux des pays orientaux ont ordinairement la croupe avalée ; mais ce défaut, qui chez cette race n'est contraire qu'à la beauté, est extraordinairement réparé par la bonté des hanches.

DES HANCHES.

Les hanches ne doivent être ni trop courtes ni trop longues.

Dans le premier défaut, l'os de la hanche se trouve en ligne perpendiculaire avec le boulet, et dans ce cas, le cheval marche roide de derrière ; dans le second, le jarret se trouvant trop en arrière, le cheval manque de force.

DE LA QUEUE.

On prétend que c'est par la situation et la force de la queue, qu'on peut aussi juger de la force du cheval.

Une queue bien placée doit prendre sa naissance au haut des fesses ; car si elle prenoit plus bas, cela dénoteroit de la foiblesse dans les reins. Le tronçon doit être gros, ferme et bien garni. Si le cheval serre la queue et qu'il y oppose de la résistance lorsqu'on veut la lui lever, cela annonce de la vigueur.

DES FESSES ET DES CUISSES.

Les fesses et les cuisses doivent être grosses et charnues. Le muscle situé au dehors de la cuisse doit être épais et bien apparent.

Des cuisses décharnées et un muscle petit dénotent une foiblesse considérable. Il faut aussi que le cheval ait les cuisses bien ouvertes en dedans.

DES JARRETS.

Les jarrets doivent être grands, larges, secs et nerveux.

Les petits jarrets sont ordinairement très foibles ; les jarrets gras sont exposés aux vessigons, aux courbes, et sont souvent la source d'autres accidens qui surviennent aux jambes de derrière.

Il y a encore deux espèces de défectuosités dans cette partie, auxquelles bien des chevaux sont exposés par leur structure ; la première, c'est lorsque les jarrets sont trop serrés l'un près de l'autre ; la seconde, c'est d'avoir les jarrets trop tournés en dehors. Les chevaux affectés du premier défaut, qu'on appelle *crochus* ou *jarretés*, manquent presque toujours de force dans cette partie ; ceux affectés du second, qui est très considérable, manquent d'assurance sur leurs hanches.

En ce qui regarde les autres parties des jambes de derrière, elles doivent avoir les mêmes qualités que celles de devant ; elles doivent en outre tomber perpendiculairement depuis le jarret jusqu'au boulet.

Après avoir ainsi fait connoître à l'élève tous les défauts qui peuvent se rencontrer dans les parties extérieures du cheval, nous allons lui faire connoître, dans la leçon suivante, les signes auxquels on reconnoît son âge, et les moyens qu'il faut employer pour s'assurer si le cheval n'a point d'allures défectueuses.

CHAPITRE VI.

De l'âge du cheval et des moyens qu'il faut employer pour reconnoître les allures défectueuses.

NEUVIÈME LEÇON.

Art. 1.er

De l'âge du cheval.

Pour reconnoître l'âge du cheval, nous ne pouvons que répéter les moyens que tous les praticiens connoissent, et qui nous ont été déjà tant de fois indiqués par différens auteurs.

L'on reconnoit l'âge du cheval par ses dents incisives ; elles sont au nombre de six, situées à la partie antérieure de chaque machoire. Les premières venues sont les deux dents du milieu, qui se nomment *pinces* ; les deux autres, situées de chaque côté des pinces, se nomment *mitoyennes* ; et les deux dernières se nomment *coins*. Entre les dents machelières (desquelles il est inutile de parler) et les incisives, il y a quatre dents, savoir : une de chaque côté à la machoire supérieure, et une de chaque côté à la machoire inférieure, qu'on appelle crochets. Ces quatre dents sont très aiguës dans les jeunes chevaux ; les jumens en sont très rarement pourvues ; on a ce-

(53)

pendant remarqué que les jumens bretonnes ,
pour la plupart, en avoient; en général celles
qui sont dans ce cas, sont appelées *brehaignes*.

En examinant avec attention les dents incisives, on peut reconnoître l'âge du cheval
jusqu'à douze ans au moins.

Maintenant rappelons-nous la division de
ces dents, en *pinces* , *mitoyennes* et *coins*.

Le poulain , dans les quinze premiers jours
de sa naissance , prend quatre dents , savoir :
deux à chaque mâchoire , qui sont celles que
l'on nomme *pinces ;* quelque temps après, on
en voit paroître quatre autres , deux à chaque côté des pinces et à chaque mâchoire ;
ce sont celles que l'on nomme *mitoyennes ;*
enfin, un peu de temps après ces dernières ,
on en voit encore paroître quatre autres, dont
deux à chaque mâchoire et à chaque côté des
mitoyennes ; ce sont celles que l'on nomme
coins.

Ces premières dents sont petites et d'une
belle blancheur; elles se désignent ordinairement sous le nom de *dents de lait*. De deux ans
et demi à trois ans, les dents de lait commencent à se déchausser, et font place aux dents
d'adultes , qui sont beaucoup plus fortes ,
plus larges , mais moins blanches. Ce rempla-
cement commence à se faire par les pinces :
ainsi donc , à deux ans et demi, trois ans, les
pinces de lait se déchaussent, et sont remplacées par les pinces d'adultes , toujours deux
à chaque mâchoire ; à trois ans et demi, quatre
ans , les mitoyennes de lait sont remplacées
également par celles d'adultes ; et enfin, à
quatre ans et demi, cinq ans, les coins de

lait sont de même remplacés par ceux d'a-
dultes. Aussitôt que ces différens remplace-
mens de dents se sont opérés, le poulain perd
son nom et prend celui de cheval ; alors on
dit *qu'il a tout mis.*

Quoique la protusion des dents désignées
sous le nom de crochets, ne détermine pas
d'une manière certaine l'âge du cheval, nous
prions cependant d'observer que ces espèces
de dents paroissent ordinairement au plus tard
à cinq ans à la mâchoire supérieure, et que l'on
peut juger par-là si les dents de lait ont été arrachées avant le temps auquel elles devoient
tomber naturellement. Cette espèce de super-
cherie est très souvent mise en usage par les
maquignons pour faire paroître le cheval plus
âgé qu'il ne l'est réellement. En effet, si en
examinant les dents du cheval, on y remarque
des dents de cinq ans, sans qu'il y ait apparence de crochets, l'on peut presque être persuadé que les dents de lait ont été arrachées
et que les adultes ont paru avant le temps
fixé par la nature.

Il est très important pour un cavalier de
porter une attention particulière aux remarques que nous venons d'indiquer ; car, un
cheval, de quelque race qu'il puisse être,
lorsqu'il n'a pas ses crochets, ou, pour mieux
dire, lorsqu'il n'a pas cinq ans révolus, n'est
pas capable de supporter la moindre fatigue
et exige des ménagemens particuliers. Souvent la protusion de ces espèces de dents, qui
est très douloureuse, cause la cécité.

L'élève voudra bien se ressouvenir de la
division des dents incisives, en pinces, mi-

toyennes et coins ; il voudra bien aussi ne pas
oublier que nous avons dit que les dents de
lait avoient déchaussé à cinq ans, et qu'elles
étoient remplacées par les dents d'adultes ;
qu'à cette époque le poulain prenoit le nom
de cheval.

Dans cet état, en examinant la partie supérieure des dents, on y voit un creux qui
ordinairement s'efface ou paroît se remplir
avec le temps ; *c'est ce qu'on appelle raser.*

Les dents rasent aux deux mâchoires suc-
cessivement d'année en année, en commençant par la mâchoire inférieure.

Ainsi donc, à six ans, les pinces de la mâchoire inférieure sont rasées ; les mitoyennes
le sont à sept, et les coins le sont à huit ans.
On dit alors vulgairement que le cheval est
hors marque, ce qui n'est pas exact ; car les
dents de la mâchoire supérieure nous fournissent les mêmes renseignemens jusqu'à l'âge
de douze ans, que celles de la mâchoire inférieure jusqu'à l'âge de huit ; puisque les
pinces de la mâchoire supérieure sont rasées
à neuf ans, les mitoyennes à dix, et les coins
le sont de onze à douze ans.

On prétend, et la chose nous paroît assez
vraisemblable, que la cause de la plus longue
durée de la cavité des dents de la mâchoire
supérieure, vient de son immobilité et du
peu de frottement qu'elle éprouve, compa-
rativement avec le mouvement fréquent de
la mâchoire inférieure ; ce qui doit nécessairement contribuer à ce que les dents de la
mâchoire inférieure soient usées avant celles
de la mâchoire supérieure.

Il y a des chevaux qui marquent pendant toute leur vie, c'est-à-dire, que le creux dont nous avons parlé ne se remplit pas : on les appelle *bégus*. M. de la Guérinière a pensé que la cause provient de la grande dureté de ces espèces de dents, qui par cette raison ne s'usent point.

M. Desplass rapporte que M. Bourgelat a divisé les chevaux bégus en trois classes. « Dans la première, dit-il, il a rangé ceux « chez lesquels la cavité de toutes les dents « incisives ne s'efface jamais ; dans la secon- « de, ceux chez lesquels elle se conserve aux « mitoyennes et aux coins ; et enfin, dans « la troisième classe, ceux chez lesquels les « coins seuls la conservent. » On distingue facilement ces trois classes de bégus ; d'a- bord, la première, par l'égalité de la cavité des dents, qui, suivant la nature, ne peut et ne doit exister, puisque, comme nous l'a- vons fait observer, les dents rasent successi- vement en commençant par les pinces de la mâchoire inférieure, et ainsi de suite. La seconde se distingue par la conservation de la cavité dans les dents qui doivent raser à sept et huit ans, tandis que celles qui rasent à six ans se trouvent seules remplies. Enfin, la troisième classe se distingue de même par la conservation de la cavité dans les dents seules qui rasent à huit ans.

En général les crochets ronds et usés, les dents longues, jaunes, crasseuses et déchar- nées, la retraite des gencives, le dessèche- ment du palais, toutes ces indications sont autant de marques de vieillesse, et des signes auxquels on reconnoît aisément *les chevaux bégus et contre-marqués.*

On dit qu'un cheval est contre-marqué, lorsqu'on lui a rogné les dents, et qu'avec un burin on les lui a adroitement creusées ; et qu'ensuite, dans ces creux, on lui a mis une fausse marque noire. Mais quelqu'adroits que puissent être les maquignons et les fripons qui usent de pareils moyens pour tromper, leur fourberie sera bientôt découverte si on a l'attention d'observer les signes que nous avons indiqués.

Art. 2.

Moyens à employer pour s'assurer si un cheval n'a point d'allures défectueuses.

Pour s'assurer si un cheval n'a point d'allures défectueuses, il convient de le faire monter, non pas par le vendeur ni par une personne attachée à son service, mais bien par quelqu'un à soi et qui se trouve avoir quelques connoissances en équitation. *(Du moins cette dernière circonstance ne pourroit être qu'avantageuse pour l'acheteur.)*

C'est par le pas que l'on doit commencer à faire marcher le cheval, pour juger de ses qualités; c'est une des allures les plus importantes, et que l'on doit examiner avec le plus d'attention.

Un cheval marchant au pas, doit lever ses jambes avec facilité, sans se croiser ni billarder ; le premier de ces défauts l'expose presque toujours à se couper, et le second cause infailliblement sa ruine prochaine.

Afin de bien s'apercevoir de ces deux défauts, il faut faire venir le cheval droit à soi, et bien se garder de le faire arriver, soit en tournant, soit au galop, comme le pratiquent la plupart des maquignons ou leurs palfreniers, lorsqu'ils cherchent à vendre ces sortes de chevaux ; car avec ces espèces de manœuvres les défauts les plus apparens échapperoient sans contredit à l'œil le plus connoisseur et le plus sévère.

C'est encore par cette allure que l'on s'aperçoit quelquefois de la cécité, surtout si le cheval en est affecté depuis peu de temps ; dans ce cas, il lève les pieds très haut, marche avec crainte, fait mouvoir ses oreilles en avant et en arrière, en cherchant à reconnoître par l'ouie les objets qu'il ne peut voir.

Après avoir ainsi examiné tous les mouvemens du pas, on doit le faire trotter.

Dans l'allure du trot, le cheval doit montrer de l'assurance en déployant ses membres avec force et liberté. Il faut voir aussi s'il tient les reins bien droits sans se bercer ; s'il marche la tête haute et bien placée, si son trot n'est pas trop précipité, ce qui provient quelquefois de la crainte d'être châtié, mais le plus souvent de la foiblesse des reins et des jarrets. Tous les chevaux qui, dans cette allure, bercent les reins et ne montrent pas de la franchise dans les mouvemens, ne peuvent être que d'un très mauvais usage, et doivent être abandonnés.

Quoique le galop puisse être considéré comme une espèce d'allure forcée, il n'est cependant pas indifférent de faire galoper un cheval que l'on veut acheter, afin de voir si le

départ est bien franc, et si le galop est juste
et cadencé. Cela annonceroit qu'il est maître
de ses mouvemens, et qu'il ne souffre pas
pour les exécuter; ce qui n'aura pas lieu,
si les reins et les jarrets sont foibles. L'on
verra alors le cheval galoper sur les épaules,
c'est-à-dire, l'arrière-main plus élevée que
l'avant-main; ce qui s'appelle, en équitation,
galoper le cul-haut. Un cheval qui, dans
cette allure, marque ce dernier défaut, dénote une grande foiblesse dans les hanches;
ce qui le rend peu propre soit au service du
manège, soit à celui du voyage.

CHAPITRE VII.

DIXIÈME LEÇON.

Du nom et de la différence des poils.

CETTE leçon servira à l'élève pour le prévenir contre les faux préjugés qui existent relativement à la différence des poils.

Plusieurs personnes attribuent à la différence des poils la bonne ou mauvaise constitution des chevaux; mais comme nous avons
reconnu qu'il y a de très bons chevaux de
tous poils, nous pensons comme toutes les
personnes ayant de l'expérience dans cette
partie, que la différence des poils n'est qu'un
jeu de la nature, qui, à la vérité, peut faire
dépriser ou estimer un cheval par rapport à
la beauté seulement.

Il est cependant très possible qu'anciennement l'on ait pu distinguer, par la différence
du poil, les races plus ou moins bonnes;
mais comme depuis ce temps-là, que nous
supposons très reculé, telle race a été croisée
par telle autre, il y auroit de l'absurdité à
penser que tel poil constitue un bon ou
mauvais cheval.

Ainsi, nous allons donner simplement à
l'élève la définition de chaque poil ou robe,
en lui faisant aussi connoître le nom qui appartient également à chaque robe.

Bai, est la robe la plus commune, avec la
différence qu'il est plus ou moins clair, ce
qui forme les bai-clair, châtain, brun, doré
et miroité.

Le bai-clair est un peu rougeâtre et moins
foncé que la couleur d'une châtaigne.

Le bai-châtain est celui qui est véritablement de la couleur d'une châtaigne.

Le bai-brun est très obscur et presque noir.
Les chevaux bai-brun ont assez communément le bout du nez, les flancs et les fesses
roux : c'est ce qu'on appelle *marqué de feu*.

Le bai-doré est celui dont le fond du poil
tire sur le jaune.

Le bai-miroité est celui qui est parsemé de
petites marques qui font réellement l'effet
de petits miroirs. En général les chevaux bais
qui ont les crins et les extrémités bien noirs,
sont les plus estimés.

Noir. L'on distingue deux sortes de noir :
le noir-jais et le noir mal-teint ou sale.

Le noir-jais est brillant, clair et très beau;
on y remarque quelquefois des nuances clai-

res en certains endroits, ce qui forme alors le noir-miroité ou pommelé.

Le noir-sale ou mal-teint a les flancs et les extrémités lavées, c'est-à-dire d'un poil encore moins foncé que le fond de la robe.

Gris. En général il y a peu de chevaux tout-à-fait blancs ; ce sont ordinairement les chevaux gris qui, en vieillissant, blanchissent. Cependant plusieurs anciens auteurs assurent que dans les déserts d'Arabie et de Lybie on trouvoit des chevaux blancs.

C'est le mélange du noir et du blanc qui forme le gris.

L'on distingue huit sortes de gris : le gris-sale, gris-brun, gris-argenté, gris-pommelé, gris-tisonné ou tigré, gris-tourdille, gris-étourneau, et le gris-truité ou moucheté.

Le gris-sale. Dans cette robe le noir domine le blanc ; les crins sont ordinairement tout blancs, ce qui rend cette robe très belle.

Le gris-brun. Cette robe n'est pas trop définissable ; tout ce qu'on y a remarqué, c'est que le noir y domine moins que dans le gris-sale.

Le gris-argenté a très peu de noir, et le fond qui est blanc est d'un beau brillant.

Le gris-pommelé est, selon nous, un des plus beaux ; il a des espèces de pelottes sur la croupe et sur le corps, les unes plus noires et les autres plus blanches.

Le gris-tisonné ou tigré. Cette robe est marquée de grandes taches noires parsemées irrégulièrement sur la surface du corps, et particulièrement sur la croupe.

Le gris-tourdille. L'on prétend qu'il prend

ton nom de la couleur de la grive, qui, en vieux français, s'appeloit tourd.

Le gris-étourneau. Cette robe tire son nom de la couleur du plumage de cet oiseau ; elle seroit entièrement noire, si elle n'étoit pas entremêlée de quelques poils blancs.

Le gris-truité ou moucheté est une robe assez commune, ayant le fond blanc, et parsemée de petites taches noires ou alezanes.

L'alezan. Cette robe ne diffère du bai que parce que ses extrémités ne sont pas noires. L'on en distingue trois sortes, savoir : l'alezan-clair, l'alezan-brûlé et l'alezan poil de vache.

L'alezan-clair est celui qui a le moins de roux.

L'alezan-brûlé est foncé et très brun ; il est quelquefois miroité, et a les crins ordinairement tout blancs.

L'alezan poil de vache est un roux tirant sur le jaune.

Le noir, le blanc, le bai et l'alezan, composent les robes suivantes : *le rouan vineux, rouan cap de more, et le rubican.*

Le rouan vineux est celle qui est couleur de vin.

Le rouan cap de more a la tête et les extrémités noires, et le reste du corps rouan.

Le rubican est la robe bai ou alezane, parsemée de poils blancs.

Le souris, c'est la robe qui est de la couleur de cet animal : la plupart des chevaux de ce poil ont une raie noire sur le dos.

Aubère, mille-fleurs, fleur de pêcher. Ce

poil a la couleur de cette fleur ; c'est un mélange de blanc, d'alezan et de bai.

Isabelle. Cette robe est un mélange de blanc
et de jaune. L'on distingue trois sortes d'isa-
belles ; l'isabelle clair, doré et foncé. En
général, les chevaux du poil isabelle, ayant
les extrémités et les crins noirs, sont très
estimés.

Soupe de lait est une robe d'un blanc sale.

Porcelaine. Ce poil est très rare et fort bi-
zarre ; c'est un gris-mêlé, ayant des taches
de couleur ardoise qui ressemblent parfaitement à celles que l'on remarque souvent sur
les vases de porcelaine blanche et bleue.

Un cheval en bonne santé doit avoir le poil
frais, c'est-à-dire, ras et luisant ; un poil long
et hérissé, à moins que cela ne soit en hyver,
annonce une altération quelconque dans la
santé.

Il y a trois sortes de marques indépendantes
de la couleur, que l'on distingue sur la robe
des chevaux. On les nomme *balzanes*, *étoiles ou pelottes*, *et épis*.

Les balzanes sont des marques blanches
plus ou moins longues que les chevaux ont
aux pieds.

Les étoiles ou pelottes sont des marques
blanches de poils rebroussés sur le front,
ayant la forme d'une étoile ou d'une pelotte.

L'épi forme un petit toupet de poils entre-
lacés et hérissés, ressemblant à un épi de blé.
Il y en a qui règnent tout le long de l'encolure, tantôt des deux côtés de la crinière,
tantôt d'un seul ; ceci s'appelle *épée romaine.*

Les maquignons, qui ne forment qu'une classe d'hommes ignorans et trompeurs, ont fait naître des préjugés qui malheureusement ne se sont que trop perpétués. Ils prétendent par là en imposer, en cherchant à attribuer à certaines robes et à certaines marques, des qualités ou des défauts qui sont simplement naturels et communs à toutes les robes et à toutes les marques.

En suivant exactement, pour l'examen d'un cheval, ce que nous avons indiqué, il sera facile de se mettre en garde contre de pareils hommes, surtout en se persuadant bien qu'un maquignon ne peut gagner de quoi vivre qu'en trompant. Nous ferons cependant observer qu'il faut distinguer un véritable marchand de chevaux d'avec un homme qui n'achète que des chevaux de rebut à vil prix, pour les revendre à des personnes de bonne foi et n'ayant nulle connoissance dans cette partie, à un prix fort cher, et par là les tromper.

CHAPITRE VIII.

ONZIÈME LEÇON.

Des brides, mors, branches, et de la gourmette.

On se sert de deux espèces de brides, savoir; de la bride à la française, et de la bride à l'anglaise.

La bride à la française est composée d'un

mors, de deux branches, d'une gourmette, d'une têtière ou porte-mors, d'un frontail, d'une muserole, d'une sous-gorge et de deux rênes qui sont attachées à chacune des branches du mors.

La bride à l'anglaise est composée d'un mors et de deux branches, d'une gourmette, d'une têtière qui, de chaque côté, est partagée depuis l'endroit où se trouve attaché le mors jusqu'au frontail, ce qui sert à porter en même temps un petit mors brisé qu'on appelle *bridon* ou *filet*; elle a un frontail, une sous-gorge et quatre rênes, dont deux pour le mors de la bride, et deux pour le bridon; elle n'a point de muserole.

Art. 1er.

Des différens mors.

Le mors en général est un morceau de fer rond que l'on met dans la bouche du cheval; rien n'est si important pour un cavalier que de connoître l'effet des différens mors par rapport à la bouche de son cheval, car c'est de la manière dont cette partie de la bride est ordonnée, que dépend l'obéissance du cheval et souvent la sûreté du cavalier.

Bien des personnes qui, par ignorance, ne sont pas à même d'apprécier les qualités de leurs chevaux, s'imaginent que ces animaux, en montrant de la vivacité et de la gaieté, sont colères et indomptables; qu'il faut absolument que leurs chevaux soient embouchés avec les mors les plus rudes. Elles diront, pour se justifier, que malgré les efforts qu'elles ont faits pour les retenir, ils ne s'emportoient que davantage ; mais elles se garderont bien de dire (parce que ces sortes de cavaliers craignent toujours de compromettre leur amour propre), qu'au premier mouvement de gaieté que leurs chevaux ont manifesté, elles leur rudoyoient la bouche et leur serroient le ventre avec les jambes comme avec une paire de tricoises. Un cheval qui déjà peut avoir les barres tranchantes et la langue mince, cherchera sans cesse à se soustraire à la douleur souvent occasionnée par un mors trop fort et la rudesse de la main du cavalier que le cheval cherchera aussi à désarçonner, soit en se cabrant, soit en ruant.

Il faut donc se bien pénétrer d'un principe, qui est de chercher à ordonner les différens mors que nous allons faire connoître, aux bouches auxquelles ils sont propres.

On admet actuellement et en général trois sortes de mors, qui sont : le mors simple ou brisé, le mors à trompe, et le mors à gorge de pigeon ou à liberté de langue.

Le mors simple est la plus douce de toutes les embouchures, et convient surtout aux jeunes chevaux.

Le mors à trompe n'est composé que d'une seule pièce, ce qui le rend plus rude que le mors simple.

Le mors à gorge de pigeon ou à liberté de langue, est celui dans le milieu duquel il se trouve un espace vide pour recevoir la langue du cheval : c'est celui dont on se sert le plus généralement.

Art. 2.

Des différentes branches.

Il n'est pas indifférent de disposer les branches d'un mors suivant la bouche du cheval ; cependant bien des personnes n'agissent à cet égard que par modes et usages. Il suffira qu'on ait vu quelqu'un se servir de telle bride, pour qu'on veuille en avoir une pareille, surtout avec les mêmes branches, parce que c'est la mode ; et on agira de cette manière sans avoir consulté la bouche de son cheval.

Nous ne pensons cependant pas qu'un bon écuyer s'abandonne à de pareilles petitesses, et nous sommes au contraire persuadé qu'il se conformera toujours aux vrais principes.

La plupart des branches sont droites. On désigne actuellement les branches droites sous le nom de *branches à l'anglaise ;* anciennement on appeloit ces sortes de branches *branches à pistolet.*

La branche droite et un peu longue, paroît être celle qui donne le moins de contrainte au cheval, et, par ce moyen, rend le mors plus doux. Néanmoins nous avons reconnu que les branches un peu courbes se présentent avec grâce et ne rendent pas le mors plus rude pour cela.

Art. 3.

De la gourmette.

La gourmette est une petite chaîne composée de petits maillons, d'une S et d'un crochet. Les maillons doivent être ronds, afin de ne pas blesser le cheval à la barbe. L'S doit être attachée à la branche droite , à côté du mors , dans le dessus ; le crochet le doit être à la branche gauche. On doit éviter de faire usage d'une gourmette en cuivre argenté, car quoique ces sortes de gourmettes charment l'œil , ce n'est pas de longue durée , et elles peuvent donner lieu à des inconvéniens très graves. Une gourmette mal attachée se défait souvent ; alors le cheval cherche à la prendre dans sa bouche pour s'en amuser, et par là peut recevoir du vert-de-gris et occasionner son empoisonnement. Nous verrons aussi par la suite qu'il est quelquefois utile pour rafraîchir la bouche du cheval, d'y passer la gourmette, et pour faciliter aussi la respiration lorsque le cheval est essouflé après une course un peu rapide, et que sur le champ on veut le mettre à l'écurie.

ART. 4.

De la manière d'ordonner la bride, suivant la différence des bouches, d'après les principes de M. de la Guérinière.

Il faut une attention particulière pour bien emboucher un cheval et ajuster le mors suivant la structure intérieure de sa bouche. Les branches doivent être proportionnées à l'encolure , et la gourmette à la sensibilité de la barbe.

Il faut que l'épaisseur du mors soit proportionnée à la fente de la bouche. Une bouche trop fendue à laquelle on donneroit un mors mince, le recevroit trop avant : c'est ce qu'on appelle *boire la bride*. Celle au contraire qui seroit trop peu fendue et à laquelle on donneroit un mors trop gros, auroit nécessairement les lèvres froncées qui seroient exposées à des meurtrissures inévitables.

En général il faut que le mors porte sur les barres, à un doigt au-dessus des crochets de la mâchoire inférieure, car s'il portoit plus haut il feroit froncer la lèvre et ne manqueroit pas de blesser les barres, qui sont toujours plus tranchantes dans le dessus que près des crochets.

Comme le mors à liberté de langue est un de ceux dont on se sert le plus souvent pour les chevaux de selle, nous ne parlerons pas des autres, car ce que nous en avons dit suffira pour en faire une juste application.

Afin de bien asseoir le mors à liberté de langue en son lieu, il faut prendre la juste largeur de la bouche du cheval, de manière à ce que le mors appuie sur les barres à un demi-doigt des talons (1); autrement il blesseroit la langue et les barres. Il faut aussi que les pièces qui composent le mors soient bien polies et bien jointes, de crainte qu'elles ne blessent les lèvres.

Quoiqu'une bonne bouche ne s'offense d'aucune espèce d'embouchure, il vaut toujours mieux lui en donner une douce, afin de lui conserver cette bonne qualité.

M. de la Guérinière dit : « On entend par « une bonne bouche, celle qui a l'appui

____

(1) Les talons de ce mors sont les extrémités de sa liberté ou de l'espace vide qui se trouve dans le milieu.

« ferme et léger , c'est-à-dire , qui ne s'é-
« branle point par le mouvement ferme d'une
« bonne main , ni par les autres mouvemens
« qu'on est obligé de faire pour aider le che-
« val. »

Nous allons faire connoître dans les deux
articles suivans, la manière de brider et de
débrider un cheval.

ART. 5.

Manière de brider un cheval.

On se placera du côté du montoir, tenant
la bride sur le pli du bras gauche ; on dé-
bouclera le licol, on fera sortir la tête du
cheval de la muserole , et on le rebouclera
sur l'encolure pour le contenir ; on prendra
la bride par le dessus de la tête avec la main
droite , on saisira avec la main gauche le
mors du filet et celui de la bride ; on appuiera
avec le pouce sur la barre gauche pour faire
ouvrir la bouche au cheval , dans laquelle
on placera à la fois le mors de la bride et
celui du filet ; ensuite on fera passer les
oreilles du cheval entre le frontail et le dessus
de tête, en commençant par l'oreille droite ;
on bouclera la muserole, la sous-gorge ; on
dégagera les crins du toupet, et on accro-
chera la gourmette.

ART. 6.

Manière de débrider.

On commencera par décrocher la gourmette, déboucler la muserole et la sous-gorge ;

ensuite on avancera les rênes de la bride et
du filet sur le dessus de tête , qu'on passera
par-dessus les oreilles pour ôter la bride de
la tête du cheval ; on la passera dans le bras
gauche , et on mettra le licol au cheval.

ART. 7.

*Des bouches égarées ou trop sensibles, foibles, trop
fortes, pesantes, et bouches qui font qu'un cheval
s'arme.*

DES BOUCHES ÉGARÉES.

Les bouches égarées sont celles qui s'offen-
sent de toutes espèces de mors ; dans ce cas,
le cheval secoue la bride, bat à la main et
donne des coups de tête ; tout ce désordre
provient des barres trop élevées et tranchantes.

Quelquefois cette trop grande sensibilité
est causée par des meurtrissures, soit sur les
gencives, soit sur les barres ; accident résultant souvent , ou d'une mauvaise embouchure , ou d'une mauvaise main ; par cette
dernière raison, la gourmette peut aussi causer des blessures à la barbe , qui est une
partie presque aussi sensible que les barres.
Enfin, l'un ou l'autre de ces deux derniers
cas arrivant, il faut dans le premier, ne pas
emboucher le cheval ; et dans le second, ne
pas lui mettre de gourmette avant que les
plaies ne soient parfaitement guéries et con-
solidées.

Beaucoup d'écuyers se servent ordinairement du canon à trompe pour emboucher

les chevaux qui ont la bouche trop sensible ;
mais nous sommes ici de l'avis de M. de la
Guérinière, qui dit qu'il est plus convenable d'emboucher ces sortes de chevaux avec
un mors brisé, ayant les fonceaux un peu
gros, les branches droites et un peu longues. Quant à la gourmette, et afin de diminuer son effet, il faut que l'endroit où
elle est attachée (en terme de l'art, appelé
l'œil du banquet), soit un peu bas et courbé
en arrière.

DES BOUCHES FOIBLES.

Les bouches foibles sont celles qui ne prennent que très difficilement de l'appui sur les
mors, quelque doux qu'ils soient ; on a cependant remarqué qu'il y a de ces sortes de
chevaux qui ne battent pas à la main. Ceux
qui ont ce défaut doivent être embouchés de
la même manière que les chevaux qui ont la
bouche trop sensible. En général, les bouches foibles doivent être ramenées avec douceur et légéreté.

DES BOUCHES FORTES.

On entend par bouches fortes celles qui
tirent à la main et qui résistent à l'action
du mors ; cela provient ordinairement de ce
que les barres sont trop rondes, charnues et
trop basses, en sorte que la langue forme
le premier point d'appui au mors ; cela résulte aussi quelquefois de ce que l'épaisseur
des lèvres et des gencives couvre les barres, seul endroit où se doit faire l'appui du
mors.

Lorsqu'un cheval tire à la main par trop

de fougue, il sera facile de l'apaiser avec de bonnes leçons ; mais s'il tire à la main pour avoir les lèvres et la langue trop épaisses, ou les barres trop rondes, il faut l'emboucher avec un mors à gorge de pigeon ; alors la langue ayant la liberté de se loger dans l'espace vide qui se trouve dans le milieu du canon, le mors ne peut pas manquer de faire son effet sur les barres ; et afin de le rendre encore plus sensible, il faut qu'il soit un peu plus mince qu'à l'ordinaire, surtout auprès des fonceaux.

Quant aux branches, elles doivent être hardies. Si cependant le cheval portoit naturellement haut, il faudroit prendre garde de ne pas trop le contraindre ; car au lieu de le ramener, le trop de sujétion pourroit le faire tirer à la main encore davantage.

DES BOUCHES PESANTES.

Les chevaux qui ont l'encolure trop épaisse, les barres charnues et basses, la langue trop grosse, pèsent ordinairement à la main. Beaucoup de chevaux pèsent aussi à la main, pour avoir les jambes, les reins ou les hanches foibles ; M. de la Guérinière dit que ces sortes de chevaux se méfiant de leur force, s'appuient sans cesse sur le mors, et s'en servent comme d'une cinquième jambe ; dans ce dernier cas, la bride ne remédie aucunement à ce défaut. Il y a aussi des chevaux qui pèsent souvent à la main par paresse et par ignorance ; c'est alors aux écuyers à employer les moyens convenables et que l'art nous indique, pour réprimer ce défaut.

Quant aux chevaux qui pèsent à la main pour avoir les barres charnues et basses, la langue épaisse ; il faut les emboucher avec le même mors que ceux qui tirent à la main, avec la différence que le mors devra être plus mince ; la branche un peu plus hardie ; il faut aussi que la gourmette soit placée un peu haut, et que les maillons ne soient pas trop gros, pour en augmenter l'effet.

DES BOUCHES TROP OU PAS ASSEZ FENDUES.

Le cheval qui a la bouche trop fendue devra être embouché avec un mors ayant beaucoup de fer, c'est-à-dire un peu gros, et dont la gourmette soit placée un peu bas ; parce que sans cette précaution, et si la gourmette étoit placée trop haut, en voulant ramener le cheval, elle ne produiroit aucun effet. Si au contraire le cheval a la bouche trop peu fendue, il devra être embouché avec un mors très mince, pour ne pas faire froncer les lèvres ; l'œil de la branche, dans ce cas, devra être élevé, afin que la gourmette ne descende pas trop bas.

DES CHEVAUX QUI S'ARMENT.

En général, tous les chevaux qui s'arment, exigent une embouchure très douce ; car ils ne tombent ordinairement dans ce défaut que pour se soustraire à la sujétion d'un mors trop rude.

Les chevaux se servent de deux moyens pour s'armer ; les uns en baissant la tête, c'est-à-dire, en s'encapuchonnant et appuyant les branches contre la poitrine, ce qui empêche l'action du mors ; les autres en ramenant la tête sans baisser le front , et appuyant les branches contre le gosier, ce qui empêche à la fois et l'action du mors et l'action de la gourmette.

Nous distinguons deux causes qui contribuent ordinairement à ce que les chevaux puissent s'armer. La première est une encolure longue et un cou trop souple, ce qui fait qu'ils peuvent facilement ramener contre le poitrail.

La seconde est une encolure renversée, ce qu'on appelle, *col de hache*, un gosier tendu et la ganache trop serrée, ce qui leur donne de la facilité pour ramener les branches contre le gosier.

Nous pensons que le bridon suffit pour désarmer les chevaux qui ramènent contre le poitrail ; quant à ceux qui ramènent contre le gosier, il est nécessaire de leur donner un mors avec des branches très hardies. Dans les deux cas il faut faire attention si ce ne seroit pas le trop grand effet de la gourmette qui occasionneroit ce défaut ; si cela étoit, il conviendroit de chercher à en adoucir l'effet le plus possible et suivant la sensibilité de la barbe du cheval.

En général il ne suffit pas de bien savoir emboucher un cheval ; il faut encore que le cavalier y remédie lui-même par une bonne main, conduite avec prudence ; sans cette attention, les meilleures embouchures deviendroient inutiles.

CHAPITRE IX.

De la selle.

DOUZIÈME LEÇON.

LA connoissance de toutes les parties de la selle est absolument nécessaire à un cavalier.

Combien n'avons-nous pas vu de bons chevaux être la victime de l'ignorance de leurs cavaliers, qui ne savoient pas comment il falloit faire réparer les défauts d'une selle mal ordonnée, et qui par-là avoient exposé leurs chevaux à des blessures très longues et très difficiles à guérir.

Pour qu'une selle soit juste, il faut qu'elle soit, pour ainsi dire, construite exprès pour le cheval auquel on la destine.

Pour qu'elle soit bien ordonnée, il faut nécessairement que celui qui la commande en connoisse toutes les parties.

ART. 1.er.

Des parties dont une selle est composée.

La selle est composée des arçons, des bandes, du pommeau, des bâtes, du garrot, du siège, des panneaux, des quartiers et des contre-sanglons.

Les parties qui doivent être inséparables

de la selle, sont le poitrail, la croupière, les sangles, et les étrivières ou porte-étriers.

Nota. Nous ne parlons point de la martingale, parce que nous ne conseillons pas d'en faire usage.

DES ARÇONS.

Une selle a un arçon de devant et un arçon de derrière ; ils sont formés de deux pièces de bois tournées en rond pour embrasser le dos du cheval ; ils donnent la forme à la selle et la tiennent en état.

Les arçons ont encore une division particulière. Celui de devant est composé du garrot, du pommeau, des mamelles et des pointes.

Le garrot est la partie de l'arçon qui se trouve placée au-dessus du garrot du cheval.

Le pommeau est attaché au haut du garrot.

Les bâtes sont placées de chaque côté du pommeau.

Les mamelles sont les parties de chaque côté de l'arçon, qui s'appliquent au défaut des épaules au-dessous du garrot du cheval, dans l'endroit où finit le garrot de l'arçon.

Les pointes sont les extrémités de chaque côté des arçons, tant de devant que de derrière.

L'arçon de derrière ne diffère de celui de devant que par sa forme plus large et plus ronde. Il y a sur la partie supérieure une pièce de bois élevée, qui accompagne la rondeur du haut de l'arçon, que l'on nomme *troussequin*.

DES BANDES.

Les bandes sont deux pièces de bois, plates

et larges de trois ou quatre doigts environ ; elles sont clouées à chaque côté des arçons pour les maintenir ensemble. Les bandes doivent porter également le long du dos du cheval au-dessous de l'épine, de manière à empêcher que l'arçon de devant ne porte sur le garrot, et celui de derrière sur les reins.

Quelques selliers sont dans l'habitude de se servir de bandes en fer, pour donner, disent-ils, plus de solidité aux arçons ; mais il nous semble à cet égard, qu'avec un peu de réflexion l'on se persuadera facilement que cette méthode entraîne un grand vice avec elle, en ce que des bandes en fer sont sujettes à se plier, ce qui par conséquent doit évidemment occasionner des blessures au cheval, tandis que cela n'arrivera pas avec les bandes de bois, à moins qu'elles ne se cassent, ce dont le cavalier s'aperçoit sur le champ.

DES PANNEAUX.

Les panneaux sont deux coussinets de toile remplis de bourre et placés dessous chacun des côtés de la selle, pour empêcher que les arçons et les bandes ne froissent le garrot, les côtes et les reins.

DU SIÈGE.

Le siège est l'endroit de la selle où est assis le cavalier. Cette partie doit être peu rembourrée et très unie, de manière à ce qu'elle soit même dure, car un siège qui est trop rembourré échauffe et écorche les fesses du cavalier.

DES QUARTIERS.

Les quartiers sont des pièces de cuir qui sont attachées au bas du pommeau, descendant de chaque côté de la selle, et qui empêchent le genou de porter contre le ventre du cheval et sur les boucles des sangles. Il faut qu'ils soient larges et longs. Des quartiers trop courts incommodent beaucoup le cavalier et lui causent par fois des écorchures aux jarrets.

DES CONTRE-SANGLONS.

Les contre-sanglons sont des petites courroies clouées aux bandes des arçons; ils servent à attacher les sangles. On en met ordinairement trois de chaque côté.

DES SANGLES.

Les sangles doivent être très fortes afin qu'elles puissent résister aux efforts que fait ordinairement le cheval, soit en ruant, soit en sautant; elles servent à fixer avec solidité la selle sur le dos du cheval. Elles doivent généralement être au nombre de trois.

On se sert quelquefois d'une quatrième sangle que l'on nomme *surfaix*. On passe cette sangle par-dessus la selle, et on l'attache par-dessous le ventre du cheval, ce qui fixe davantage et tient en état la selle.

DE LA CROUPIÈRE, DU POITRAIL ET DES ÉTRIVIÈRES.

La croupière est une pièce de cuir attachée à l'arçon de derrière, dans laquelle on passe

(80)

la queue du cheval (1); elle empêche que
la selle ne froisse les épaules, en se portant
trop en avant.

Le poitrail est une pièce de cuir taillée en
forme d'angle que l'on attache de chaque
côté à l'arçon de devant en le passant par-
dessous l'encolure du cheval, de manière à
ce que la pointe de l'angle se trouve placée
au milieu du poitrail du cheval.

Cette pointe sera fixée par un morceau de
cuir qui sera placé entre les jambes de devant
et passé dans la sangle; il empêche la selle
de se porter en arrière et évite par ce moyen
des blessures sur les reins.

Les étrivières sont deux courroies attachées
de chaque côté au garrot de l'arçon; elles sont
destinées à recevoir les étriers.

Il est inutile de donner la définition des
bâtes, car nous ne conseillons pas de faire
usage des selles qui en sont pourvues, à l'exception de la selle rase.

ART. 2.

Des selles dont on se sert avec le plus d'avantage.

La selle dont nous conseillons de faire usage pour voyager, est une selle, appelée *an-
glaise-bâtarde*, autrement appelée, selle de
courrier ou demi-poste. Elle a l'avantage
d'offrir la solidité et la commodité de la rase,
et en même temps la légèreté de la véritable
anglaise. Elle ne diffère de cette dernière,
que par un peu plus de hauteur du pommeau
et par une espèce de troussequin qui ne forme

---

(1) La partie dans laquelle on passe la queue du cheval s'appelle culeron.

qu'une seule pièce avec le siège et empêche le frottement que le porte-manteau feroit éprouver aux reins du cavalier.

Il y a deux qualités essentielles à observer dans la construction d'une selle ; la première, d'être juste au cheval ; la seconde d'être juste au cavalier.

Il faut, pour qu'une selle soit bien juste au cheval, qu'elle soit, comme nous l'avons déjà dit, construite exprès, afin de pouvoir être placée au milieu du corps et de manière à ce que l'arçon de devant soit placé à trois doigts au moins au défaut des épaules ; qu'elle porte également par-tout, sans cependant toucher sur le garrot, ni sur l'épine du dos.

Il faut aussi, pour empêcher la selle de porter plus sur un endroit que sur un autre, que les panneaux soient rembourrés bien également. La toile que l'on choisira pour les panneaux devra être fine, parce qu'à la suite de la sueur, elle n'est pas aussi sujette à s'endurcir que la grosse. La bourre de crin ou de poil de cerf, est celle qui convient le mieux pour les panneaux.

Pour qu'une selle soit commode au cavalier, il faut qu'elle soit mince, c'est-à-dire, qu'il n'y ait pas trop d'épaisseur entre le corps du cheval et les cuisses du cavalier : on dit alors que la selle est près du cheval ; que le siège ne soit pas plus élevé de devant que de derrière (1) ; que les bandes soient un peu

---

(1) Il ne faut pas confondre le siège avec la naissance du garrot, qui forme une élévation jusqu'au-dessus du pommeau.

moins larges et plus rapprochées l'une de l'autre au haut de l'arçon de devant, ce qui rend le devant de la selle plus étroit que le derrière et donne de la commodité aux cuisses.

La confection des autres appartenances de la selle ne contribue pas moins à la commodité et à la sûreté du cavalier.

D'abord les quartiers doivent être longs, pour empêcher le frottement de la jambe contre les boucles des sangles.

Le poitrail ne doit pas descendre plus bas que la jointure du devant de l'épaule, pour ne pas en gêner les mouvemens.

Les sangles doivent être fortes et larges, avoir de bonnes boucles bien attachées, et dont les ardillons aient la pointe recourbée et assurée.

La croupière doit être attachée à la selle avec une boucle sans ardillon ; il faut seulement avoir soin d'y faire mettre une boucle par le moyen de laquelle on puisse la ralonger et la raccourcir facilement.

Le culeron de la croupière doit être un peu gros pour qu'il n'écorche pas le cheval sous la queue ; accident qui arrive souvent en été par les grandes chaleurs, mais plus particulièrement aux chevaux qui sont bas du devant. Indépendamment de ce que l'on donne à ces chevaux des culerons très gros, il faut encore leur donner une selle un peu plus élevée du devant qu'à l'ordinaire et qui ait les panneaux peu rembourrés sur le derrière.

Les étrivières ou porte-étriers doivent être

d'un cuir fort. Il importe surtout, que l'é-
trivière du montoir soit d'un bon cuir, pour
ne pas exposer le cavalier à une chute en
montant à cheval.

En ce qui regarde les étriers, ils sont tellement bien faits actuellement, qu'il est inutile de conseiller un choix.

Nous ne terminerons pas cette leçon sans
faire connoître à l'élève, que la selle rase en
volaque est celle qui convient le mieux, tant
sous le rapport de l'élégance, que sous celui
de la commodité, à l'agrément du manège
et de la promenade.

Art. 3.

Manière de seller un cheval.

On relevera les sangles et la croupière sur
le siège ; on prendra la selle de la main gauche à l'arcade de l'arçon, en contenant la croupière de la même main ; on placera la main
droite dessous le troussequin et on posera la
selle doucement sur le dos du cheval, en la
ramenant du côté de la croupe.

Si on se sert d'une petite schabraque placée
sous la selle, il faudra l'étendre bien uniment afin qu'elle ne fasse point de plis, ce
dont on s'assurera, en passant la main gauche
sur le dos du cheval le long de la schabraque ;
ensuite on passera derrière le cheval pour
prendre la queue qu'on tortillera autour du
tronçon, la tenant de la main gauche ; on
prendra la croupière de la main droite, en
tirant la selle en arrière, pour passer la queue
dans le culeron, dont on dégagera tous les

crins afin qu'ils ne blessent pas le cheval ; on
reviendra au côté gauche du cheval ; on soulevera la selle pour la porter en avant , et de
manière à ce que l'arçon soit placé à trois
doigts des épaules, et que la croupière ne
soit pas trop tendue ; on terminera par sangler.

Art. 4.

Manière de desseller.

On commencera par déboucler les sangles,
ensuite on repoussera la selle en arrière ; on dégagera la queue de la croupière, qu'on prendra
avec la selle, ainsi qu'on l'a fait pour la mettre
sur le dos du cheval ; on soulevera la selle,
la tirera à soi, on passera le bras gauche le
long des longes des panneaux, et on prendra
les sangles de la main droite pour les placer
sur la selle, si elles ne sont pas mal-propres.

CHAPITRE X.

TREIZIÈME LEÇON.

De la ferrure.

La ferrure est un art dont tous les écuyers doivent ambitionner la connoissance, soit pour
prévenir les accidens auxquels sont sans cesse
exposés leurs chevaux , par l'ignorance et la
mal-adresse de quelques maréchaux , soit

aussi pour faire ajuster les fers suivant les différens pieds.

Nous ferons connoître dans la suite de ce
chapitre, qu'il n'est pas inutile d'ajuster les
fers suivant les pieds, puisqu'il est prouvé
que c'est par ce moyen que l'on remédie souvent à une mauvaise marche.

Avant d'entrer dans aucuns détails à cet
égard, nous allons faire connoître les instrumens et les termes dont se servent les maréchaux.

Art. 1.er

*Des instrumens dont on se sert pour ferrer le cheval ;
des termes dont se servent les maréchaux ; des noms
des parties du fer ; de leur différence.*

Les instrumens dont on se sert pour ferrer
le cheval, sont : le rogne-pied, la tricoise, le
repoussoir, le boutoir, le brochoir, et la râpe.

Le *rogne-pied* est un morceau d'acier à-
peu-près de seize à vingt centimètres de longueur, ayant un tranchant d'un côté de dix
centimètres de long, avec un dos de l'autre :
on s'en sert pour couper les vieux rivets avant
de déferrer, afin de faciliter l'enlèvement du
vieux fer : on s'en sert aussi pour rogner la
corne qui dépasse le fer neuf quand il est broché.

La *tricoise ;* on appelle tricoise une te-
naille dont on se sert pour ôter le vieux fer
et pour couper la longueur des clous qui per-
cent à travers la corne après que le fer est
broché.

Le *repoussoir* est un gros clou un peu rond
à la pointe, dont on se sert pour faire sortir

les vieux morceaux de clous qui auroient pu
rester dans la corne et qui auroient échappé
en déferrant. Un maréchal adroit et expérimenté ne se sert jamais de cet instrument;
nous conseillons même de s'opposer, si cela
est possible, à ce que l'on en fasse usage,
parce qu'étant plus gros qu'un clou ordinaire,
il pourroit causer un éclat dans la corne,
chose qu'il faut éviter.

Le *boutoir* est un instrument d'acier garni
d'un manche en bois; il est tranchant et sert
à ajuster le pied, ce qu'on appelle en terme
de l'art, *parer le pied.*

Comme un cavalier pourroit se rencontrer
dans une circonstance telle qu'il seroit forcé
de tenir lui-même les pieds de son cheval
pour le faire ferrer, il n'est donc pas inutile
de faire connoître la manière dont doit être
conduit le boutoir qui, souvent, dans une
main mal-adroite et ignorante, peut causer
de grands accidens à celui qui tient le pied.

Celui qui pare le pied doit tenir le manche
du boutoir avec fermeté contre son corps,
sans le quitter; il ne doit imprimer de la force
à cet instrument et ne doit le faire agir que
par des mouvemens faits en avant avec le
corps et non pas avec le bras; sans cela,
n'ayant plus de point d'appui, il est évident,
comme nous l'avons vu arriver, que le mouvement fait avec le bras peut échapper et porter le boutoir contre le bras de celui qui tient
le pied, lui causer une blessure et même l'es-
tropier pour le reste de sa vie.

Le *brochoir* est le petit marteau dont se

servent les maréchaux pour attacher le fer
avec des clous.

La *râpe* est une lime de 35 centimètres de
longueur environ, qui sert à unir la corne
et les rivets lorsque le cheval est ferré.

Les termes les plus usités dont se servent
les maréchaux pour ferrer un cheval, sont :
forger, parer, brocher, percer-maigre, percer-gras, couder et enclouer.

On entend par forger, ajuster le fer sur
l'enclume.

Parer, c'est couper la corne et la sole avec
le boutoir pour ajuster le pied.

Brocher, c'est attacher le fer avec des clous
par le moyen du brochoir.

Percer-maigre, c'est lorsque les trous qui
sont dans le fer pour recevoir les clous, sont
percés près du bord en dehors.

Percer-gras, c'est l'opposé.

Enclouer; on dit qu'un cheval est encloué,
lorsqu'un clou a percé le vif, c'est-à-dire, la
chair qui enveloppe le petit-pied, ou que la
veine qui l'entoure a été serrée par un clou,
ce qui fait boiter le cheval.

Couder; on dit qu'un clou coude, lorsqu'en le brochant il se plie ; ce cas arrivant
annonce ou une corne infiniment dure , ou
la mal-adresse du maréchal. On a remarqué
que la corne occasionne souvent ce désagré-
ment, parce qu'elle est très sèche et résiste
facilement à la pointe des clous.

Quand un clou a coudé, il ne faut pas
souffrir qu'on le redresse pour le brocher de
nouveau; il faut au contraire le faire retirer

avec la tricoise et en faire brocher un autre, car un clou qui coude peut prendre une
fausse direction et se diriger, malgré l'adresse
du maréchal, sur le vif.

LE FER.

Tout le monde sait ce que c'est que le fer
d'un cheval; il est composé de deux branches, de la pince, de deux éponges, d'un ou
de deux crampons.

Les *branches* forment les deux côtés du fer.

La *pince* forme le devant du fer; elle est
arrondie.

L'*éponge* est le bout de chaque branche,
depuis l'étampure.

Le *crampon* est le retour du bout de l'é-
ponge en-dessous.

Les fers des pieds de devant doivent être
percés à la pince, parce qu'il y a plus de
corne qu'au talon; et ceux au contraire des
pieds de derrière, le doivent être au talon,
parce qu'il y a très peu de corne à la pince
et beaucoup plus au talon; c'est de là que
nous vient la première règle pour bien ferrer,
pince devant, talon derrière. C'est cette règle qui nous indique qu'il faut toujours avoir
soin de percer les fers de devant à la pince,
et ceux de derrière au talon.

Il y a vingt-sept sortes de fer dont on peut
faire usage; le fer ordinaire, le fer à lunette, etc. (Voyez pour les autres la planche
jointe au traité des pieds, de M. Girard.)

Autrefois l'on se servoit quelquefois d'un
autre fer; il avoit une charnière à la pince;
il se plioit, s'élargissoit et se resserroit sui-

vant le pied ; mais on n'en faisoit usage qu'en voyage, quand un cheval avoit perdu son fer.

Le fer ordinaire doit être plat également par-tout, et accompagner la rondeur du pied, lorsqu'il n'est pas défectueux.

Le fer à lunette ne doit point avoir d'éponge et doit être coupé jusqu'à l'étampure, c'est-à-dire, jusqu'au premier trou.

Lorsque nous parlerons des différens pieds, nous indiquerons l'usage des fers qui leur conviennent.

ART. 2.

Examen des pieds et de la marche du cheval avant d'ordonner la ferrure ; de la manière dont il faut lever et tenir les pieds.

Toutes les personnes qui tiennent des chevaux, soit pour leur utilité, soit pour leur agrément, ne doivent pas se borner à connoître la ferrure en gros ; mais elles doivent surtout chercher à en approfondir tous les détails, et par ce moyen se mettre à même de commander aux maréchaux ignorans qui, pour la plupart, n'admettent que les procédés qu'une routine, malheureusement suivie avec trop de constance, leur a indiqués, sans observer la différence des pieds et la marche du cheval. Ce n'est cependant qu'en suivant les vrais principes que l'on parvient à se rendre maître de la forme de tous les pieds, à en hâter ou retarder l'accroissement et à répartir la nourriture selon les besoins des diverses parties.

Avant de ferrer, on doit examiner les pieds

du cheval ainsi que l'action de ses membres; sans cette précaution, il ne seroit pas possible que l'on parvînt à rectifier des défauts, qui souvent sont la cause d'allures vicieuses. Ce n'est donc qu'après avoir bien saisi les différentes indications recueillies par un examen attentif, que l'on devra forger et préparer les fers.

Avant d'entrer dans d'autres détails, il nous paroît utile d'enseigner la manière dont il faut lever et tenir les pieds; car rien n'impatiente davantage un cheval que l'action de les mal lever ou de les mal tenir.

L'on ne doit jamais ni trop élever, ni trop écarter du corps du cheval la partie qui doit être maintenue; si le cheval est difficile, on ne le brutalisera point et on cherchera à le gagner par les voies de la douceur. On a reconnu que les caresses le ramenoient toujours, tandis que les coups et la rigueur ne faisoient que l'irriter davantage; c'est ordinairement à ce dernier procédé que l'on reconnoît parfaitement ce qu'on appelle dans le langage vulgaire, *un fiacre*.

Les pieds de devant se tiennent simplement avec les deux mains; mais dans la tenue de ceux de derrière, on doit passer le bras sur le jarret afin de s'en assurer, et de manière à ce que l'on puisse faire reposer et appuyer le canon et le boulet sur la cuisse. Celui qui tient le pied doit bien s'affermir dans sa position et résister au cheval en cas qu'il cherche à le retirer, sans néanmoins employer beaucoup de force, mais seulement en suivant ses mouvemens; dans ce cas, il faut de suite saisir la pince avec une main, et par ce moyen obliger le pied à une flexion qui diminue de beaucoup sa force. L'on doit éviter autant qu'il sera possible, d'employer les moyens de rigueur, comme de placer le cheval dans *le travail*, de faire usage de la platelonge, de le renverser, de le trotter sur un cercle avec des lunettes pour l'étourdir et obtenir sa chute ; toutes ces sortes de voies, particulièrement les deux dernières, sont très dangereuses, et on n'en doit user que dans l'insuffisance absolue de tout autre moyen.

Maintenant supposons le cheval docile et tranquille, le pied bien saisi et bien tenu par l'aide ; dès-lors le maréchal doit se mettre en devoir de suite d'enlever le vieux fer ; cette première opération étant terminée, il doit nettoyer le pied de toutes les ordures qui pourroient s'y trouver, afin de bien voir la sole, la fourchette et le bas des quartiers ; cette seconde opération se fait ordinairement en partie avec le brochoir, et en partie avec le rogne-pied ; ensuite il doit se saisir du boutoir et parer le pied.

De l'action de parer résulte assez souvent un grand défaut, c'est-à-dire un grand nombre de pieds de travers, dont la cause est due à l'ignorance, mais plus fréquemment à la paresse du maréchal ; nous disons à la paresse, parce que ce défaut provient ordinairement de la difficulté qu'il éprouve dans le maniement du boutoir, lorsqu'il est question de retrancher du quartier de dehors du pied du montoir, et du quartier de dedans du pied hors du montoir ; aussi voyons-nous souvent ces sortes de quartiers plus hauts que les autres.

Presque tous les maréchaux peu instruits, sont aussi dans l'habitude, en parant, de couper et creuser le pied sans savoir pourquoi, et sans être guidés par une cause déterminée. Il faut à cet égard tenir à un principe général et ne pas permettre que l'on coupe et creuse trop le dedans du pied du côté des talons; car si on agissoit ainsi, cela détermineroit la séparation des quartiers d'avec le talon, et causeroit infailliblement la ruine du pied, qui, faute de nourriture, se rétréciroit davantage, ce qui pourroit donner lieu à l'encastelure.

Le pied étant paré, le maréchal choisira un fer léger et mince d'éponge, ne le posera sur le pied que légèrement chauffé, et ne l'y laissera pas trop long-temps, comme le font la plupart des maréchaux que nous avons déjà cités, chez lesquels l'ignorance et la paresse président à l'ouvrage; nous disons *l'ignorance*, parce qu'ils agissent sans en approfondir la raison, et *la paresse*, parce que le fer chaud consume une partie de la corne et leur évite par ce moyen d'ajuster le pied avec le boutoir. Ils ne sentent pas combien cette manière d'agir entraîne avec elle d'inconvéniens qui ont souvent des suites très funestes, comme par exemple, le dessèchement du pied, qui donne lieu à un mal qu'on appelle la fourmilière.

Nous avons dit, et nous le répétons encore, qu'il faut que le fer ne soit chauffé que légèrement, qu'il ne soit posé dans cet état que trois secondes au plus, et qu'aussitôt que le maréchal l'aura retiré, il ait soin d'enlever la portion de corne brûlée. C'est par la brûlure que l'on jugera si le fer porte également par-tout, c'est-à-dire, dans toute la rondeur du sabot, y compris les talons; si alors l'appui du fer se fait justement, le maréchal le fera refroidir dans de l'eau, et ensuite se mettra en devoir de le brocher.

A cet effet, il choisira les clous les plus déliés de lame, et proportionnés à l'épaisseur de la corne; il faut bannir tous ceux qui, par leur grosseur, pourroient la faire éclater.

Les clous doivent être brochés également en rond et en bonne corne; car il seroit à craindre qu'en brochant trop haut, les clous ne serrassent la veine qui entoure le petit-pied et ne fissent boiter le cheval; et en brochant trop bas, le fer n'étant pas alors fixé avec solidité, pourroit occasionner la perte du pied.

Nous rappellerons encore que toutes les fois qu'un clou coude, il faut ordonner au maréchal de le retirer et de se servir d'un autre. Souvent aussi la coudure de la lame se fait intérieurement, et l'on ne s'en aperçoit que par le mouvement que fait le cheval en retirant le pied; mais un maréchal adroit, ayant de l'expérience, reconnoît dans sa main par la réaction différente du brochoir, qu'il existe une irrégularité dans sa manière de chasser le clou, ce dont il doit chercher à s'éclaircir sur-le-champ.

Quand les clous sont brochés, ils doivent être bien rivés; ensuite on doit émousser les rivets avec une râpe, mais bien se garder de râper la muraille, comme le font généralement tous les maréchaux; ce seroit enlever la pellicule grasse qui sert de nourriture au sabot; nourriture qui empêche les *seimes* et d'autres altérations du pied.

Tout ce que nous venons de dire relativement à la ferrure, concerne les chevaux qui ont de bons pieds. Nous allons maintenant examiner celle qui convient aux chevaux qui ont les pieds défectueux, comme les talons bas, les pieds-plats, les pieds combles, les pieds encastelés, à ceux qui rampent, qui sont bouletés, qui se coupent en marchant et qui bronchent.

DES TALONS BAS.

Il y a deux sortes de talons bas. 1.º Les talons bas et la fourchette maigre. 2.º Les talons serrés. Nous avons en effet été à même de faire la distinction de ces deux sortes de défectuosités. Dans le premier cas, les talons étant foibles, sont sujets à être foulés en appuyant sur la terre. Cet inconvénient qui pourroit donner lieu à des accidens fâcheux, exige un fer demi-couvert pour mettre les talons à l'abri. Il ne faut pas surtout creuser les quartiers.

En ce qui regarde la manière de remédier aux talons serrés, nous ne sommes pas d'avis qu'on se serve des fers à pantoufle pour élargir les talons; cette espèce de ferrure causant par fois des douleurs aux pieds dans le premier moment, nous pensons, ainsi que nous l'a démontré l'expérience, qu'il convient de parer le pied à plat, de ferrer court,

en employant un fer ayant les éponges très
minces et venant se terminer aux quartiers,
de manière à ce que la fourchette porte entièrement à terre.

DES PIEDS-PLATS.

Pour bien ordonner la ferrure d'un cheval qui a les pieds-plats, il faut examiner
d'abord si les quartiers sont bons ou mauvais, si les talons sont foibles, ou s'ils sont
plus forts que les quartiers. Il est très rare,
dit M. La Fosse, qu'un cheval ait les talons
et les quartiers mauvais en même temps ; si
les quartiers sont mauvais, on aura soin de
faire les branches et les éponges étroites ; on
tâchera de contenir les branches jusqu'à la
pointe des talons, et de faire porter l'éponge
dans l'endroit le plus fort du talon. Si au
contraire ce sont les talons qui se trouvent
foibles et mauvais, on raccourcira les branches et on les fera porter sur l'endroit le plus
fort du quartier, sans qu'elles soient entô-
lées. En général, il faut faire en sorte que
la fourchette porte à terre. Quoiqu'il y ait
des maréchaux qui prétendent que c'est la
fourchette qui dans ces espèces de pieds porte
ordinairement à terre et fait boiter le cheval ; nous osons cependant dire que les remarques qui ont été faites à ce sujet, et que
nous avons reconnues nous-même, ont démontré le contraire, et nous ont pour ainsi
dire convaincu que c'étoit la fourchette qui
formoit le meilleur point d'appui.

DES PIEDS COMBLES.

Les pieds combles sont ceux qui ont la sole

plus élevée que les quartiers ; ce défaut est souvent le résultat de la négligence que l'on met à parer et à ferrer convenablement le pied lorsqu'il n'est encore que plat. On a remarqué que ce défaut se rencontroit assez souvent dans les chevaux élevés dans les pays marécageux ; cette défectuosité provient aussi quelquefois de l'usage des fers voûtés qu'emploient souvent les maréchaux, ce qui fait surmonter la sole, rend le pied de plus en plus difforme et empêche le cheval de marcher sûrement, puisque le pied ne peut prendre son point d'appui que sur le milieu du fer. Quoiqu'il soit impossible de remédier à ce défaut à cause de la sole qu'on ne peut rétablir dans l'état où elle devroit être, nous indiquerons cependant le moyen de le pallier avec l'aide de la ferrure. En parant, il faut bien ménager la sole, employer un fer léger et couvert ou simplement entôlé, ce qui est tout aussi favorable.

DES PIEDS ENCASTELÉS.

On distingue deux sortes d'encastelures ; celle naturelle et celle accidentelle. Quant à la première, il n'y a point de remède ; en ce qui regarde la seconde, il est assez facile d'y remédier avec la ferrure. Quelques anciens auteurs indiquent l'usage du fer à pantoufle ou à demi-pantoufle. En effet, cette espèce de ferrure élargit les talons, ce qui est le seul but que l'on doit se proposer en pareil cas : *car on dit qu'un cheval est encastelé, lorsqu'il a les talons serrés.*

Mais sans vouloir réfuter ce moyen, nous

croyons pouvoir faire part d'un autre moyen plus simple, et que nous avons vu employer avec le plus grand succès (il est bien entendu que nous ne parlons ici que de l'encastelure accidentelle, c'est-à-dire celle qui seroit la suite d'une mauvaise ferrure) : il suffira, pour y remédier, de parer bien à plat, de ne pas creuser les talons et de ferrer court.

Il faut encore avoir soin de tenir les talons humides pendant quelque temps ; alors les quartiers s'ouvriront sans que l'on ait besoin de recourir à une ferrure compliquée, qui, lorsqu'elle est ordonnée par un maréchal qui n'est pas très expérimenté, peut causer la ruine du pied.

DES PIEDS QUI RAMPENT.

On dit qu'un cheval rampe, lorsqu'il pose la pince la première; ce défaut qui provient ordinairement du grand travail ou de la mauvaise conformation du cheval, se répare difficilement par la ferrure.

Les chevaux rampent des pieds de devant et des pieds de derrière. Ceux qui rampent des pieds de devant doivent être ferrés courts et juste avec peu de fer en pince ; les branches doivent être à plat et minces. Il faut, en parant le pied, abattre la pince et un peu les talons ; mais ne point s'aviser de toucher à la fourchette qui, dans pareil cas, doit former un des points d'appui.

Les chevaux qui rampent des pieds de derrière, sont très sujets à se déferrer. Pour y remédier, il faut percer très près du talon, et ajuster un fort pinçon à la pince.

DES CHEVAUX BOULETÉS.

Les chevaux sont quelquefois bouletés du devant et du derrière. Ceux qui le sont du devant doivent être rejetés du service sans aucune considération ; ceux qui le sont des pieds de derrière, ce qui arrive plus communément, sont aussi d'un fort mauvais usage pour la selle ; l'on peut cependant essayer de remédier à ce défaut par le moyen de la ferrure.

Jusqu'à présent, on n'a employé d'autre moyen pour remédier à ce défaut, que celui d'abattre le talon presque jusqu'au vif, et de faire déborder un peu le fer à la pince, moyen que nous n'avons jamais vu réussir. En voici un autre, qui est absolument opposé, mais que l'expérience nous autorise à indiquer : nous avons vu un poulain âgé de 3 ans, chez lequel ce défaut commençoit à se manifester ; pour le ferrer, le maréchal avoit employé le moyen que nous venons de citer, et dès-lors on devoit espérer que ce défaut disparoîtroit ; bien au contraire, les boulets ne ressortoient que davantage.

En examinant souvent la position que le poulain prenoit dans l'écurie avec ses pieds de derrière, nous avons remarqué qu'il cherchoit sans cesse à élever ses talons sur le bord d'une rigole qui y étoit pratiquée pour servir à l'écoulement de l'urine, et dans cette position, les boulets reprenoient leur place : en conséquence, nous nous sommes décidé à lui faire mettre des crampons aux fers, ce qui a produit le plus grand succès ; car au bout de quelque temps ce défaut avoit entièrement disparu.

DES CHEVAUX QUI SE COUPENT.

On dit qu'un cheval se coupe lorsqu'il s'attrape avec ses fers les boulets, soit aux pieds de devant, soit à ceux de derrière.

Il se coupe de la pince, mais plus communément des quartiers.

Quant aux chevaux qui se coupent en pince, il faut les ferrer juste, en laissant déborder un peu de corne en pince ; mais ce défaut qui résulte ordinairement d'un vice de conformation, se répare rarement par la ferrure.

Quant à ceux qui se coupent des quartiers, l'expérience nous a prouvé que cela provenoit le plus souvent de la grande fatigue ou d'une mauvaise ferrure ; il n'est pas moins vrai qu'une mauvaise conformation peut aussi contribuer beaucoup à cet accident. M. Rozier nous dit, que dans ce cas, il faut se servir d'un fer dont la branche de dedans soit courte, mince, étranglée, sans étampure et incrustée dans la muraille, comme si l'on ferroit à cercle. La branche de dehors sera à l'ordinaire, si ce n'est les étampures qui doivent être serrées et en même nombre. Il faut encore que le fer soit étampé en pince, et jusqu'à sa jonction avec les quartiers.

DES CHEVAUX QUI FORGENT.

Les chevaux forgent de deux manières ; les uns, lorsqu'avec la pince de derrière ils attrapent la pince de devant, *ce qu'on appelle forger en pince*. Les autres, lorsqu'avec les fers de derrière, ils attrapent les éponges des fers de devant ; *c'est ce qu'on appelle forger en talons.* Dans le premier cas, il faut laisser déborder un peu de corne en pince ; dans le second, il faut ferrer court et avoir soin de tenir les éponges minces.

CHAPITRE II.

QUATORZIÈME LEÇON.

Nourriture du cheval et de la ration qui lui convient ; de l'utilité d'un bon pansement; du pansement ; manière de le gouverner et de le panser chez soi ; manière de le gouverner et de le panser en route.

ART. 1.er

De la nourriture du cheval et de la ration qui lui convient.

La nourriture la plus propre au cheval, consiste en foin, paille de froment et avoine ; toute autre substance quelconque dont on fait usage pour nourrir le cheval, ne forme qu'un fourrage accessoire, et dont on ne se sert ordinairement que pour le rafraîchir, comme par exemple : la luzerne, le trèfle, le sainfoin donnés en vert pendant un mois ; le son, la farine d'orge, etc.

Le point principal à observer dans la nourriture du cheval, c'est d'abord de la régler de manière à ce qu'on ne soit pas obligé de la varier soit en plus, soit en moins ; de choi-

sir du foin bien récolté, composé d'herbes
mêlées de plantes substantielles ; de la paille
fine qui n'ait point été tachée par la pluie
lors de la récolte, et de l'avoine dont le grain
soit bien rempli.

Comme il n'est question ici que des chevaux destinés aux agrémens de l'équitation ,
et à des voyages à petites journées , la ration
par jour sera plus que suffisante , en la composant de cinq kilogrammes de foin , cinq kilogrammes cinq hectogrammes de paille de
froment, et de neuf litres d'avoine. On la
divisera en trois portions égales , lesquelles
seront données , savoir : une le matin , une
autre à midi et le restant le soir.

ART. 2.

De l'utilité d'un bon pansement.

Beaucoup de personnes se sont imaginées
qu'une grande abondance de nourriture étoit
la seule chose pour tenir un cheval en bon
état. D'abord les preuves physiques suffiroient
sans doute pour démontrer leur erreur ; mais
nous avons une preuve bien plus certaine encore ; c'est l'expérience , qui jusqu'à ce jour
nous a démontré que les chevaux bien pansés s'entretiennent plus gras avec moins de
nourriture , que ceux qui sont nourris abon-
damment et mal pansés ; nous en avons un
exemple bien remarquable dans les chevaux
de troupes, qui sont journellement employés
soit au manège , soit à des manœuvres d'es-
cadron très pénibles , et qui malgré toutes ces
fatigues sont toujours gais et vigoureux.

ART. 3.

Du pansement.

Pour bien panser le cheval, on se sert d'une étrille, d'un bouchon de paille, d'une brosse, d'une époussette, d'une éponge et d'un peigne.

Il faut qu'un cheval soit pansé au moins deux fois par jour, savoir : le matin et le soir. Pour commencer le pansement, on se servira de l'étrille que l'on passera légèrement sur tout le corps du cheval ; cet instrument sert à lever la crasse et à la ramener à la surface du poil. Il y a des chevaux qui ont le cuir si délicat, que le plus léger frottement de l'étrille leur fait éprouver une sensation très incommode ; dans ce cas, il faut agir avec beaucoup de ménagement pour ne pas lasser leur patience au point de les rendre méchans, et l'on se servira plus de la brosse que de l'étrille. Après l'avoir ainsi étrillé, on l'époussetera avec l'époussette qui est un morceau de serge ; elle sert à ôter la poussière que l'étrille a ramenée au-dessus du poil.

Nous avons vu des palfreniers se servir avec beaucoup de succès, en place d'une époussette, d'une grosse poignée de paille propre, prise sur la litière, avec laquelle ils frottoient les chevaux sur tout le corps, et particulièrement entre les cuisses et les jambes de devant. En donnant notre avis sur cette méthode, nous sommes forcé de convenir qu'elle est très bonne, et que par ce moyen on parvient

non-seulement à enlever la poussière ramenée à la surface du poil, mais encore à enlever une grande partie de celle qui reste
collée dans l'intérieur et que l'étrille n'a pu
faire remonter. Ainsi donc, indépendamment
du résultat de l'époussette que l'on obtient
par ce moyen, on a encore l'avantage de remplir en même temps une partie du but que
l'on se propose en brossant le cheval.

La brosse sert à enlever la crasse que l'étrille
n'a pu ramener au-dessus du poil. Pour qu'une
brosse destinée à cet usage soit bonne, il faut
qu'elle ait les vergettes fermes et bien attachées; elle doit être tenue dans la main droite
et l'étrille dans la main gauche, et de manière à ce que le bout du manche se trouve
placé entre le pouce et l'index, et que la pla-
tine de l'étrille soit posée, renversée sur la
paume de la main. Ainsi préparé, on avertit
le cheval pour ne pas lui causer de surprise,
en disant *ho* : ensuite on se met en devoir de
brosser le poil à rebours, en commençant
par les pieds de derrière ; il faut surtout
brosser avec un soin particulier la couronne,
le paturon, le boulet, le canon et le jarret ;
ne pas manquer à chaque coup de brosse de
la passer sur l'étrille pour en tirer la crasse ;
on continuera ainsi de suite des deux côtés
jusqu'aux pieds de devant que l'on brossera
de même que ceux de derrière. A l'égard de
l'encolure et de la tête, elles exigent une propreté toute particulière ; pour y parvenir l'on
ne se bornera pas à brosser seulement les
deux côtés du col et le front ; mais on fera la
même chose autour des oreilles, à la crinière

et au toupet dessus et dessous. Cette première opération étant terminée, on la recommencera pour unir le poil et ramasser la poussière que la brosse a laissée derrière elle la première fois.

Après que le cheval sera ainsi brossé, on prendra l'époussette et on lui frottera la tête, les oreilles, le dedans des jambes de devant et le dedans des cuisses ; on la passera aussi sur toute la surface du corps : alors le pansement de la brosse se trouvera terminé.

L'éponge sert principalement à nettoyer les yeux, les naseaux, le toupet, la crinière, la queue, le dedans des fesses et le fourreau.

Ainsi, aussitôt que le pansement de l'étrille, du bouchon, de la brosse et de l'époussette sera terminé, on prendra l'éponge que l'on imbibera dans de l'eau bien propre avec laquelle on bassinera les yeux ; ensuite on lavera le creux des naseaux ; puis avec le peigne on démêlera la crinière, le toupet et la queue en suivant avec l'éponge, la tenant au-dessus, afin de faire entrer l'eau par les chemins que pratiquent les dents du peigne ; par ce moyen on parviendra à bien éponger ces trois parties et à en enlever la crasse. Ce pansement doit être fait avec exactitude et non pas avec négligence comme le font la plupart des palfreniers, qui se contentent de passer simplement l'éponge par-dessus les crins, sans chercher à faire pénétrer l'eau jusqu'à la racine : ces sortes de gens chez lesquels la paresse est habituelle, exigent une surveillance soutenue de la part des cavaliers, pour qu'ils leur fassent exécuter le pansement en son entier.

Dans les lieux où on ne peut pas conduire le cheval à la rivière, on ne manquera pas de lui éponger une fois par jour, les jambes jusqu'aux genoux et aux jarrets; de même s'il étoit dans le cas d'y être conduit, on aura soin au retour, de lui essuyer les jambes avec l'éponge pour avaler l'eau qui reste après et ôter la crasse qu'elles auroient pu ramasser en revenant de l'eau.

Lors des grands froids de l'hiver, le pansement de l'éponge peut être réduit à deux fois par semaine.

ART. 4.

Manière de gouverner et de panser le cheval chez soi.

A six heures du matin en tout temps, le palfrenier devra entrer dans l'écurie. Avant toute chose, il commencera par nettoyer la mangeoire et ôter du râtelier la paille que le cheval n'aura pas mangée pendant la nuit; il la remplacera par le tiers de la ration de foin. Pendant que le cheval mangera, il s'occupera à détourner et relever avec une fourche en bois, la paille de la litière qui n'aura pas été salie pendant la nuit; il la mettra sous la mangeoire; ensuite il sortira le fumier de l'é-curie, et la nettoyera à fond avec un ballet. Cette première opération étant terminée, il devra exécuter le pansement en son entier, sauf l'exception dont nous avons parlé relati-vement au pansement de l'éponge en hiver. Aussitôt après le pansement, il devra faire boire le cheval, nettoyer une seconde fois la mangeoire et y jeter trois litres d'avoine ; avant de sortir de l'écurie il jettera aussi dans le râtelier le tiers de la ration de paille ; il n'oubliera pas surtout de refaire de la litière afin que le cheval puisse se reposer dans le courant de la journée.

A midi, le palfrenier retournera à l'écurie, jettera dans le râtelier le second tiers de la ration de foin ; pendant que le cheval mangera, il devra prendre l'époussette, lui frotter et essuyer la tête et les oreilles ainsi que tout le corps ; ensuite il le fera boire, nettoyera la mangeoire et y jettera trois littres d'avoine. Avant de sortir de l'écurie il ne devra jamais oublier de rafraîchir la litière en la secouant avec la fourche.

A six heures du soir, on donnera le même fourrage qu'à midi avec les deux autres tiers de la ration de paille et dans le même ordre ; le pansement devra s'exécuter comme le matin ; on augmentera la litière de deux kilogrammes et demi de paille fraîche (la litière devra toujours être composée de paille de froment), et on laissera le cheval en repos.

Il est utile et même essentiel qu'un cavalier se fasse une habitude d'aller voir son cheval sur les huit ou neuf heures du soir, pour examiner s'il ne lui manque rien et s'il ne s'est pas enchevêtré, c'est-à-dire, pris dans la longe avec l'un des pieds de devant ; ces sortes d'accidens peuvent quelquefois avoir des suites très fâcheuses : d'ailleurs il nous semble que c'est une satisfaction pour un cava-

lier, que de s'assurer par lui-même des soins
que l'on a pour son cheval.

Beaucoup de personnes ne tiennent des
chevaux que pour l'agrément de la promenade et de l'équitation ; mais beaucoup de
personnes, indépendamment de ce qu'elles
les tiennent pour l'agrément, s'en servent
aussi pour voyager ; et c'est à cet effet que
nous allons faire connoître à notre élève la
manière de gouverner et de panser un cheval
en voyage.

ART. 5.

Manière de gouverner et de panser un cheval en voyage.

Un cavalier ne doit jamais oublier de prévenir la veille le palfrenier de l'heure du départ ; il lui recommandera de fourrager le
cheval deux heures avant l'heure indiquée
pour le départ : le fourrage et le pansement
seront les mêmes que ceux mentionnés dans
le précédent article. Le palfrenier aura soin
de seller le cheval aussitôt après qu'il aura
bu et mangé l'avoine ; il ne serrera pas trop
les sangles.

A l'heure fixée pour le départ, le cavalier
se transportera auprès de son cheval, jettera
un coup-d'œil sur tout l'équipage. Il commencera par examiner si la selle ne porte pas
sur le garrot, sur les épaules ou sur les reins ;
si la couverture qui se trouve placée sous les
panneaux ne fait point de plis ; s'il n'est point
resté de crins entre la queue et le culeron de
la croupière ; et enfin, si les sangles ne por-

tent pas sur la poitrine ; ensuite il fera brider le cheval et mettra lui-même la gourmette, en ayant soin de faire porter les maillons à plat pour ne pas blesser la barbe ; enfin il terminera par sangler.

Le cheval étant ainsi prêt à être mis en route, il faut que le cavalier soit exact pour le départ et ne fasse jamais attendre son cheval afin de mettre à profit toute la durée du fourrage du matin qui est toujours le meilleur, et qui peut soutenir un cheval pendant six heures de marche au pas et au petit trot. Nous pensons, que d'après cet avis, l'on n'imitera jamais ces mauvais cavaliers désignés sous le nom populaire, si bien mérité, de *bourreaux de chevaux*. Ces sortes de gens, non contens de faire attendre quelquefois leurs chevaux pendant deux ou trois heures devant une porte, ont encore la cruauté d'exiger de ces animaux, une marche beaucoup plus longue et plus rapide qu'à l'ordinaire pour récupérer le temps perdu par leur négligence. Aussi nous prévenons ceux des cavaliers qui auroient de pareilles dispositions, qu'avec une telle conduite, leurs chevaux ne seront pas de longue durée, et qu'au bout de quelque temps ils ne seront bons qu'à être employés au labourage.

A la halte de midi.

Pendant le dernier quart de lieue avant d'arriver à l'hôtellerie, le cavalier doit faire marcher son cheval au pas ; aussitôt qu'il sera descendu de cheval, il le conduira à l'écurie, ordonnera qu'on nettoye bien la mangeoire et le râtelier; ensuite il le débridera et l'attachera de manière à ce qu'il ne puisse pas se coucher ni se rouler; il ne manquera jamais de faire mettre un peu de paille fraîche sur la litière; on prétend que cela excite le cheval à uriner; il desserrera les sangles, sortira la queue du culeron de la croupière, ôtera la valise et fera bouchonner le cheval devant lui.

Ce petit pansement étant terminé, il lui fera jeter un litre et demi d'avoine, ensuite deux kilogrammes et demi de foin, et on laissera le cheval en repos pendant une heure; après ce temps on le fera boire. Si c'est en été et qu'il n'y ait point de rivière pour y abreuver le cheval, le cavalier aura soin de faire tirer l'eau du puits une demi-heure auparavant, afin de l'amortir par le contact de l'air; en cas qu'il soit obligé d'abreuver le cheval subitement dans un seau, il passera la main dans l'eau; ce moyen est fort bon pour en ôter la crudité. Il y a des personnes qui y mettent aussi une poignée de son ou de farine; cette méthode est la meilleure et la plus saine; mais beaucoup de chevaux n'aiment pas boire de cette manière.

Aussitôt que le cheval aura bu, il lui fera jeter une seconde fois un litre et demi d'avoine et le laissera en repos encore pendant une heure. Au bout de ce temps, le cheval est en état de supporter sans se fatiguer, une marche de quatre heures.

Le cavalier n'oubliera jamais de se conformer, avant de monter à cheval, à ce que nous avons dit à ce sujet pour le départ du matin.

Arrivée au coucher.

Le cavalier observera les mêmes formalités que nous avons indiquées à l'arrivée de la halte à midi. Au bout d'une heure, il ordonnera qu'on fasse boire le cheval ; ensuite, et pendant les grandes chaleurs de l'été, au lieu de faire donner la seconde avoine, il pourra de temps en temps la faire remplacer par trois litres de son, qu'il fera mouiller jusqu'à ce qu'il soit comme de la bouillie bien claire ; cette espèce de nourriture excite l'appétit du cheval et le rafraîchit. Il ne fera jamais ôter la selle de dessus le cheval qu'après qu'il aura bu et le fera de suite bouchonner.

Le pansement devra être exécuté en son entier aussitôt que le cheval sera bien sec et débarrassé de la transpiration apparente. On pourra aussi le conduire à la rivière pour le délasser.

En voyage, un bon cavalier doit visiter tous les soirs son cheval pour s'assurer si la selle n'a point fait de blessures ; il devra aussi faire lever les quatre pieds, afin d'examiner s'il ne seroit pas resté des petites pierres, soit entre le fer et la sole, soit dans le creux de la fourchette ; ces sortes d'accidens arrivent très souvent, et si on négligeoit de nettoyer les pieds, on exposeroit le cheval à devenir boiteux.

Avant de se coucher, le cavalier s'assurera également par une dernière visite, si

le cheval a bonne litière, objet essentiellement nécessaire à son bon repos.

Tous ces petits soins, qui paroîtront peut-
être un peu minutieux, sont beaucoup plus
longs à décrire qu'à exécuter; mais tout cavalier ami de son cheval, s'en fera un moment de délassement.

TRAITÉ ÉLÉMENTAIRE

SUR

L'ART DE L'ÉQUITATION.

SECONDE PARTIE.

CHAPITRE I.er

Observations sur différentes races de chevaux en France.

Le cheval limousin est celui de France, qui, par la régularité et l'élégance dans les formes, approche le plus du cheval arabe ; il est docile et intelligent, fier et brave. Il est à remarquer que le cheval limousin n'est propre au travail du manège qu'à l'âge de sept ans.

Les chevaux d'Auvergne et du Périgord sont très estimés pour la selle ; ils sont surtout recherchés pour la troupe légère.

Les chevaux de la Guyenne, du Béarn et du Roussillon sont également renommés pour la selle.

La Bretagne et l'Anjou fournissent de très bons chevaux pour la cavalerie légère.

Les chevaux de la Normandie en général, sont très renommés pour tous les genres de services. C'est plus particulièrement dans le département de l'Orne que l'on rencontre des chevaux propres à l'agrément du manège. Le département du Calvados fournit des chevaux de guerre et propres aux voyages.

Le cheval normand est celui qui réunit le plus de qualités; noble et fier dans sa démarche, patient, docile et intelligent, sensible et reconnoissant, et bravant tous les dangers pour sauver son maître : voilà les qualités qui ont toujours distingué le véritable cheval normand; joint à cela une constitution forte et vigoureuse, et résistant à toutes les fatigues imaginables; voilà ce qui lui a mérité la préférence sur tous les autres chevaux de France.

Il est à observer que le cheval normand doit être attendu jusqu'à l'âge de six ans avant de le faire entrer au manège.

Les chevaux du ci-devant Charolois (Saône-et-Loire), et ceux du Nivernois (Nièvre), sont très recherchés par ceux qui en connoissent la race, à cause de leur bonne constitution et de la solidité de leurs jambes. Ces chevaux sont presque tous oreillards et d'une laide figure; mais ces défauts, qui ne sont contraires qu'à la beauté, sont bien réparés par la bonté.

Il importe peu de connoître la patrie ou l'origine d'un cheval; l'essentiel est qu'il soit sage, qu'il ait de la bonne volonté et surtout quatre bonnes jambes; néanmoins nous choisirons un cheval normand âgé de six ans, pour apprendre à l'élève à le dresser.

CHAPITRE II.

De l'art de dresser les chevaux.

ART. 1.er

*Règles à observer et qualités nécessaires à un écuyer
pour dresser un cheval.*

Il y a trois règles principales à observer
dans l'art de dresser les chevaux; la patience, la douceur et la fermeté.

Avant de commencer la première leçon,
nous allons faire connoître à l'élève que pour
être parfait écuyer, il ne s'agit pas seulement
de savoir dresser un cheval, mais qu'il faut
aussi être à même de juger avec discernement à quoi un cheval peut être propre, soit
par rapport à sa structure, soit par rapport
à son caractère; qu'on sache approfondir ses
inclinations, ses habitudes, ses perfections
et ses défauts, et qu'on soit surtout en état
d'apprécier ses forces. C'est par toutes ces
remarques qu'on parvient également à étu-
dier le naturel du cheval, à connoître ses
défenses et à observer la manière dont il se
gouverne dans sa fougue. Rappelons-nous
surtout de ne pas châtier le cheval mal-à-
propos, de le traiter avec douceur et de le
caresser lorsqu'il obéit. Néanmoins, si le
cheval montroit de la paresse ou de la lâcheté, il faudroit commencer par l'intimider en

lui montrant la chambrière ; et si cette me-
nace restoit sans succès , il faudroit alors la
faire employer vigoureusement.

Nous bannirons de nos leçons le sauteur
et les airs relevés connus sous les noms de
*mézair, passade, pesade, falcade, balo-
tade, croupade, courbette, cabriole, etc.*
Nous nous bornerons à enseigner à dresser
un cheval au pas, au trot, l'épaule en dedans, au galop, à marcher la croupe au mur
et à manier en place.

ART. 2.

PREMIÈRE LEÇON.

De la longe et du caveçon.

Le cheval que nous présentons à dresser,
est un cheval normand âgé de six ans, dans
toute sa force et dans toute sa vigueur ; le
premier soin qu'il y ait à observer, c'est de
l'habituer à se laisser approcher sans difficulté ; après en avoir obtenu cette première docilité, on lui mettra un caveçon auquel on
attachera une grande corde que l'on nomme
longe ; on lui mettra aussi un bridon, et on
en attachera les rênes à une sangle que l'on
passera à cet effet sur le dos du cheval ; ainsi
préparé, on le fera conduire au manège.

Pour donner cette leçon il faut être deux ;
en conséquence, on aura soin de choisir un
aide intelligent et même entendu dans l'art
de l'équitation, auquel on fera tenir la longe ;
car c'est l'écuyer chargé de dresser le cheval
qui doit tenir la chambrière, afin d'en user

avec méthode et suivant que les circonstances le commanderont.

Pour commencer la leçon la première fois, il est utile que le palfrenier qui soigne le cheval le conduise par le bridon, pour lui faire parcourir au pas le terrain circulaire destiné à ce travail. Celui qui tiendra la longe la laissera assez longue pour donner au cercle un rayon de vingt-cinq pieds au moins. Après avoir fait faire au cheval deux ou trois tours sur cette circonférence, le palfrenier qui tient le bridon s'en éloignera peu à peu; si alors le cheval paroissoit vouloir s'arrêter, l'écuyer qui doit être en arrière du cheval et près de l'homme qui tient la longe, montrera la chambrière ; il en attaquera même légèrement le cheval s'il en est besoin, pour le faire partir au trot ; et s'il prenoit le galop, il faudroit ordonner à celui qui tient la longe de la secouer légèrement de haut en bas, pour faire agir le caveçon sur le nez du cheval et le forcer par ce moyen à se remettre au trot; s'il rue ou s'il saute, c'est également avec le caveçon qu'il faut le corriger, avec des saccades plus ou moins fortes ; si en ruant ou sautant il s'arrête, c'est avec la chambrière qu'il faut le porter en avant. La chambrière doit être employée de la manière suivante : si le cheval se cabre il faut l'attaquer à la croupe; s'il saute, au défaut de l'épaule, et s'il rue, à l'épaule.

D'après ce que nous venons d'enseigner relativement à l'emploi de la longe et de la chambrière pour la leçon du cercle, on concevra sans doute facilement que ces deux moyens ne peuvent pas être mis en usage ensemble sans exposer à provoquer le cheval à se livrer aux plus grands désordres; car la longe sert à diminuer l'action et l'emportement du cheval, et la chambrière au contraire sert à le stimuler lorsqu'il paroîtroit vouloir ralentir son train.

Dans les instans où le cheval trotte bien uniment, il ne faut pas trop l'intimider avec la chambrière, mais la tenir cependant de manière à ce qu'il puisse en apercevoir le moindre mouvement.

Dès qu'on sera parvenu à faire cheminer le cheval franchement sur le cercle plusieurs tours de suite, et sans qu'il se soit dérangé, on l'arrêtera tout doucement, le flattera, le caressera, et on le laissera souffler un moment.

La première reprise devant toujours s'exécuter à droite, la seconde se fera à gauche, et la troisième, qui forme la dernière, se retrouvera à droite. Nous observons que cette leçon, qui sera toujours composée des trois reprises que nous venons d'indiquer, ne devra jamais être donnée qu'une fois par jour, et sa durée ne devra être que d'une demi-heure au plus.

Il y a des chevaux qui ont tant de disposition de souplesse, que quelques jours suffisent pour les assouplir; il y a même des chevaux ardens auxquels cette leçon finiroit par devenir plus nuisible que salutaire. Mais les chevaux paresseux, chargés d'épaules et bas du devant, ont essentiellement besoin d'être tenus long-temps à la leçon de la longe, car c'est le seul moyen que l'art puisse employer pour leur donner un peu de souplesse et de légèreté. En général, c'est à l'écuyer à juger l'instant où le cheval n'aura plus besoin de cette leçon ; ce qui est facile à remarquer, lorsque le cheval manie avec aisance sans s'appuyer sur la longe, et lorsqu'en lui montrant la chambrière il se met au galop légèrement et uniment.

SECONDE LEÇON.

Travail au pas les rênes séparées.

Le cheval ayant acquis le degré de souplesse qu'on pouvoit en espérer par l'effet du travail à la longe, il est temps de le monter et de le faire travailler sur un quarré long.

Pour le préparer à ce travail, et à l'effet de ne pas lui causer une trop grande surprise la première fois qu'on lui donnera cette leçon, on le tiendra trois ou quatre jours auparavant à l'écurie, en ayant soin de lui faire mettre la selle sur le dos pour l'habituer à la supporter, à se laisser sangler et à se laisser passer la queue dans le culeron de la croupière ; on lui mettra aussi le bridon avec lequel on le montera au manège. Il convient de le laisser deux heures par jour harnaché de cette manière, et pendant ce temps on essaiera de monter dessus ; si le cheval faisoit d'abord quelques difficultés et montroit de la répugnance à recevoir son cavalier, ce qui ne manquera pas d'arriver la première fois, il faudra bien se garder de le rudoyer ou de le frapper ; il faudra au contraire le ca-

resser avec la main et le flatter de la voix,
afin de le convaincre qu'on ne lui demande
que de la docilité, et, si nous pouvons nous
servir de cette expression, même son amitié.
Car, comme nous l'avons déjà observé, il n'y
a point d'animal qui se ressouvienne mieux
que le cheval des mauvais traitemens qu'on
lui a fait éprouver, et qui soit plus reconnoissant des bienfaits dont le comble son maître.
En usant ainsi de douceur et de bons procédés
vis-à-vis le cheval, on gagnera sa confiance, et
on le verra alors se laisser approcher et monter sans la moindre résistance, et saisir même toutes les occasions pour prouver sa docilité et sa reconnoissance. Aussitôt qu'il sera
habitué à se laisser monter, on le fera ame-
ner au manège, sellé et embouché avec un
bridon seulement ; on montera dessus sans
éperons et muni de la gaule ; étant bien placé à cheval, on saisira une rêne du bridon
avec chaque main, les doigts fermés, le pouce alongé sur chaque rêne ; on tiendra les
poignets à la hauteur de l'avant-bras ; ils
seront séparés de six pouces environ l'un
de l'autre ; ensuite on déterminera le cheval
à se porter en avant au pas en baissant un
peu les mains et au moyen des aides des
jambes ; s'il n'obéit pas de suite, on se servira de la gaule en l'attaquant légèrement
sur l'épaule droite ; en cheminant ainsi sur
le carré, on maintiendra le cheval bien droit ;
car nous ne sommes point d'avis que l'on
ramène la tête sur le dedans, comme cela se
pratique dans plusieurs écoles ; c'est selon
nous un défaut qui force les épaules à se je-

ter en dehors ; le pli de l'encolure ne doit
avoir lieu que dans le travail du cercle, de
l'épaule en dedans, comme nous le verrons
lors de cette leçon et du galop.

Puisque c'est sur la piste à droite que l'on
chemine, il faut préparer le cheval à bien
passer le coin qui se présente à gauche ; à cet
effet, et étant bien entré dans le coin, on
ouvrira l'avant-bras droit en augmentant la
force de la rêne droite ; on ne diminuera que
légèrement l'effet de la rêne gauche, afin de
maintenir la tête et l'encolure pour les empêcher d'obéir seules à la rêne droite ; par ce
moyen on déterminera facilement les épaules
du cheval sur la droite ; on augmentera en
même temps la pression de la jambe droite
en soutenant le cheval de la jambe gauche, pour l'empêcher de se jeter à gauche.
Après avoir passé le coin, on remettra le
cheval bien droit, en sentant les rênes bien
égales. Arrivé au second coin, on emploiera
pour le passer les mêmes moyens que pour
le premier coin ; après avoir fait faire plusieurs tours de manège au cheval, à droite,
on changera de main ; à cet effet, on fera un
à droite à l'une des extrémités du manège,
en ouvrant l'avant-bras droit et en augmentant la force de la rêne droite ; on baissera un
peu la main gauche pour diminuer l'effet de
la rêne de ce côté, et on aidera ces différens
mouvemens de main par la pression de la
jambe droite, soutenue légèrement par l'aide
de la jambe gauche ; aussitôt que le cheval
aura exécuté l'à droite, on le remettra droit
pour traverser le milieu du manège jusqu'à

l'autre extrémité, où on lui fera faire un à gauche, mouvement qu'on lui fera exécuter en augmentant la force de la rêne gauche et en diminuant celle de la rêne droite, et en aidant par la pression de la jambe gauche en le soutenant légèrement de la jambe droite. Maintenant qu'on chemine sur la piste à gauche, les coins se présenteront à droite ; pour passer le coin qui se présente à droite, on emploiera les moyens opposés à ceux que nous avons enseignés pour prendre un coin à gauche; les aides sont les mêmes. Après avoir fait plusieurs tours de manège à gauche, on fera un à gauche en employant aussi les moyens opposés à ceux pour faire un à droite, et on se retrouvera sur la piste à droite ; avant de terminer la leçon, il faudra encore faire quelques tours de manège, ensuite on fera un à droite à l'une des extrémités et on cheminera au centre ; arrivé à ce point, on fera halte et on fera reculer le cheval quatre ou cinq pas, en ayant soin de ramener les mains bien également ; ce reculé préparera le cheval à supporter les temps d'arrêt ; ensuite on mettra pied à terre, on caressera et flattera le cheval ; et on le renverra.

Cette leçon ne devra durer qu'une demi-heure dans les premiers jours, et ensuite une heure par jour ; on y laissera le cheval jusqu'à ce qu'il obéisse parfaitement à l'impression des rênes et aux aides des jambes.

TROISIÈME LEÇON.

Travail au trot sur le carré les rênes séparées.

Cette leçon sera consacrée à faire trotter le cheval. Dans la première leçon il a déjà acquis ce certain degré de souplesse nécessaire à tout cheval que l'on destine à travailler dans un manège.

L'allure du trot considérée avec raison comme l'allure la plus naturelle, n'est pas moins considérée aussi comme la plus essentielle dans les leçons du manège, pour rendre un cheval docile et adroit.

Voici les réflexions faites à ce sujet par M. de la Guérinière.

« C'est par le trot, qui est l'allure la plus
« naturelle, qu'on rend un cheval léger à
« la main sans lui gâter la bouche, et qu'on
« lui dégourdit les membres, sans les offen-
« ser ; parce que dans cette action, qui est
« la plus relevée de toutes les allures natu-
« relles, le corps est également soutenu sur
« deux jambes, l'une devant et l'autre der-
« rière : ce qui donne aux deux autres, qui
« sont en l'air, la facilité de se relever, de
« se soutenir, de s'étendre en avant, et par
« conséquent un premier degré de souplesse
« dans toutes les parties du corps.

« Le trot est donc sans contredit la base
« de toutes les leçons pour parvenir à ren-
« dre un cheval adroit et obéissant ; mais
« quoiqu'une chose soit excellente dans son
« principe, il ne faut pas en abuser, en trot-
« tant un cheval des années entières, comme

« on faisoit autrefois en Italie , *(il ne faut
cependant pas confondre ici l'école du célèbre Pignatelli, à Naples ; cet ancien
écuyer n'a jamais fait pratiquer à ses chevaux, pour les dresser, que la leçon du
pas ; talent aussi admirable qu'extraordinaire,)* » et comme on fait encore actuel-
« lement dans quelques pays, où la cava-
« lerie est d'ailleurs en grande réputation.
« La raison en est bien simple ; la perfection
« du trot provenant de la force des mem-
« bres, cette force et cette vigueur natu-
« relle , qu'il faut absolument conserver
« dans un cheval, se perd et s'éteint dans l'ac-
« cablement et la lassitude , qui sont la suite
« d'une leçon trop violente et trop long-
« temps continuée. Ce désordre arrive encore
« à ceux qui font trotter de jeunes chevaux
« dans des lieux raboteux et dans des terres
« labourées ; ce qui est la source des vessigons,
« des courbes, des éparvins, et des autres
« maladies de jarrets, accidens qui arrivent
« à de très braves chevaux, en leur foulant
« les nerfs et les tendons par l'imprudence
« de ceux qui se piquent de dompter un
« cheval en peu de temps ; c'est bien plutôt
« le ruiner que le dompter, etc. »

D'après les observations faites par le savant de la Guérinière, que nous venons de
citer, on doit savoir, comme écuyer , en
faire l'application avec le plus d'exactitude
qu'il sera possible. Après avoir fait un ou
deux tours de manège au pas, on se préparera à mettre le cheval au trot ; à cet effet
il faudra bien sentir les rênes, le rassembler,

lui rendre les mains et les reprendre sur le
champ en doublant la pression égale des
jambes, et le cheval partira au trot ; ensuite
on redescendra tout doucement les mains.

Il arrive assez communément dans les premiers temps de cette leçon, que le cheval
n'obéit pas franchement à l'aide des jambes ;
dans ce cas il faudra le rappeler avec la gaule
en l'en frappant légèrement sur l'épaule
droite ; et si malgré cela, le cheval continuoit
à montrer de l'indocilité, il faudra lui faire
appliquer la chambrière vigoureusement sur
la croupe ; cette correction le forcera à se
porter vivement en avant. En cheminant
ainsi au trot, il faut se rappeler les moyens
qui doivent être employés pour prendre les
coins, pour tourner à droite et à gauche,
enfin pour changer de main ; ils sont les
mêmes que ceux qu'on emploie à exécuter
ces évolutions au pas ; seulement on aura
soin d'opérer plus vivement avec les jambes.

Dans les premiers jours, il est utile de
terminer chaque reprise au pas et par un
demi arrêt ; mais par la suite, les reprises
pourront quelquefois être terminées au trot
par un arrêt. Pour former un arrêt, on assurera les mains et on laissera les jambes
calmes, de manière à ce qu'elles ne soient
occupées qu'à contenir les hanches ; ensuite,
en augmentant l'effet des rênes, on obligera
le cheval à reculer quatre ou cinq pas et
on le renverra.

Quoique nous venions d'enseigner de terminer quelquefois les reprises au trot par
un arrêt, c'est encore à l'écuyer, à juger

si le cheval a les forces nécessaires pour
supporter une contrainte aussi subite. Il est
vrai que rien n'est plus utile que les temps
d'arrêt pour certains chevaux ; car c'est par
ce moyen qu'on les prépare à bien s'asseoir
sur les hanches et à manier avec grâce ;
mais rien n'est aussi plus pernicieux pour
les chevaux foibles et peu maîtres de leurs
mouvemens. En leur faisant souvent exécuter des temps d'arrêt, ils se ruinent bientôt
des jarrets.

Après avoir fait trotter le cheval de cette
façon pendant un mois sur le quarré, qu'il
prend bien les coins, qu'il tourne, et qu'il
change de main facilement et avec aisance,
il sera utile, pour achever de le confirmer
dans le trot, de le trotter sur le cercle ; c'est
ce que nous enseignerons dans la leçon suivante.

QUATRIÈME LEÇON.

Travail au trot sur le cercle les rênes séparées.

Nous avons annoncé dans la leçon précé-
dente, que celle-ci sera employée à confirmer le cheval au trot sur un cercle.

Maintenant étant à cheval au centre du
cercle, on partira au pas et on prendra la
piste à droite. En cheminant ainsi, on sentira la rêne droite afin de ramener la tête,
le col et les épaules du cheval un peu en
dedans ; on sentira également la jambe droite
pour commencer le pli, et ensuite la jambe
gauche pour fixer les hanches et par ce
moyen achever le pli ; on soutiendra un

peu la rêne gauche pour empêcher les épaules de se jeter trop en dehors, et en général
on fera primer la rêne de dedans et la jambe
de dehors.

Aussitôt qu'on aura obtenu du cheval un
commencement de pli, on le mettra au trot;
mais il faut avoir l'attention de ne pas lui
faire perdre son pli au moment du rassembler, ce qui arrive bien facilement. Cependant si on conserve bien la position des
mains, afin d'opérer la continuation de la
tension proportionnelle de chaque rêne, et
que le mouvement des mains soit bien accompagné par l'entretien de la pression proportionnelle de chacune des jambes, le cheval
en se rassemblant, conservera néanmoins
son pli.

Dans les commencemens il faut ménager
le cheval et ne pas en exiger un trot trop
alongé, afin de l'habituer peu à peu à la gêne
que lui cause ce pli ; mais au fur et à mesure
qu'on l'avancera dans la leçon, il faudra
en exiger un trot plus étendu et plus hardi.

Quand au tourner et aux changemens de
main, on emploiera les mêmes moyens que
nous avons déjà enseignés à la sixième leçon
de la première partie; on remarquera seulement, que dans la leçon que nous venons
de citer, le cheval étoit embouché avec un
mors, parce qu'il étoit dressé; et que dans
celle-ci au contraire, le cheval n'est embouché qu'avec un bridon, et l'écuyer tient
les rênes séparées, parce que le cheval est à
dresser. Ainsi au résumé, il suffira de se
rappeler encore une fois du principe général

pour le trot sur le cercle, qui est de faire primer la rêne du dedans et la jambe du dehors.

Dès qu'on reconnoîtra que le cheval soutiendra ainsi un trot hardi, franc et alongé, et qu'il exécutera bien les changemens de main, on le jugera capable d'être embouché avec un mors et d'être monté avec éperons afin d'achever son éducation.

CINQUIÈME LEÇON.

ART. 3.

Travail au pas avec le mors sur le carré.

Avant de brider le cheval, il est essentiel que l'on connoisse la puissance du mors, et jusqu'à quel point un cavalier peut avec cette espèce de levier dans la bouche d'un cheval, lui imprimer sa volonté. A cet effet nous ne pouvons mieux faire, que de rapporter ici ce qu'a dit à ce sujet M. Dez, ancien professeur de mathématiques à l'école royale militaire.

« L'équitation ou l'art de monter et de dresser les chevaux, est aujourd'hui une science d'observation et de connoissance, dont la partie la plus délicate est sans doute la manière d'emboucher les chevaux. Le sens du toucher étant le seul nécessaire pour les conduire, il faut avoir une connoissance parfaite de la conformation des parties de la bouche du cheval, cet organe si fin et si délicat, dont la perfection est même un défaut ; des effets mécaniques

« du mors, belle et simple machine qui en-
« tretient pour ainsi dire, un commerce de
« sentiment entre la bouche de l'animal
« et la main de son maître. C'est par le
« moyen du frein que la main du cavalier
« interroge le cheval, et qu'ils se commu-
« niquent réciproquement leurs pensées ; si
« l'éperon rend les mouvemens plus vifs,
« le mors les rend plus précis, avertit l'a-
« nimal et le détermine ; c'est avec ce levier
« qu'on le maintient dans la crainte et dans
« la soumission, et qu'on le captive sans
« l'avilir, etc. » (Suit le problême.)

D'après ce simple exposé, on apercevra
sans doute déjà d'avance, tous les avantages et les secours que va offrir le mors pour
achever l'éducation du cheval ; néanmoins,
l'action du mors ne rempliroit le but du cavalier qu'imparfaitement, sans le secours de ses
jambes ; il est même des circonstances où
cette action resteroit sans effet, si elle n'étoit
accompagnée des aides avec justesse et précision. Cette justesse et cette précision dans les
aides seront d'autant plus essentielles, que
ses talons seront munis d'éperons, ce qui
rendra l'opération de ses jambes plus sensible et le résultat plus prompt.

Voilà maintenant le cheval embouché pour
la première fois avec un mors et un filet ; ce
mors est avec liberté de langue et bien choisi
suivant la structure de la bouche. Avant de
monter à cheval, il ne faut jamais oublier
de jeter un coup d'oeil sur tout l'équipage,
on terminera l'inspection par sangler, et on
montera à cheval.

.. Voici l'instant où on va commencer à faire sentir au cheval l'action du mors produite par l'effet de la main ; c'est aussi par ce même effet de la main bien dirigée, qu'on rendra la bouche du cheval bonne.

M. de la Guérinière dit à ce sujet :

« Les mouvemens de la main de la bride
« servent à avertir le cheval de la volonté
« du cavalier ; et l'action que produit la bri-
« de dans la bouche du cheval, est l'effet
« des différens mouvemens de la main.
« M. de la Broüe et après lui M. de Newcas-
« tle, disent que pour avoir la main bonne,
« il faut qu'elle soit légère, douce et ferme.
« Cette perfection ne vient pas seulement
« de l'action de la main, mais encore de
« l'assiette du cavalier ; lorsque le corps est
« ébranlé, ou en désordre, la main sort de
« la situation où elle doit être, et le cavalier
« n'est plus occupé qu'à se tenir : il faut
« encore que les jambes s'accordent avec
« la main ; autrement l'effet de la main ne
« seroit jamais juste ; cela s'appelle en terme
« de l'art, accorder la main et les talons,
« ce qui est la perfection de toutes les aides.
« La main doit toujours commencer le
« premier effet, et les jambes doivent ac-
« compagner ce mouvement, car c'est un
« principe général, que dans toutes les allu-
« res tant naturelles qu'artificielles, la tête
« et les épaules du cheval doivent marcher
« les premiers ; et comme le cheval a qua-
« tre principales allures, qui sont aller en
« avant, aller en arrière, aller à droite,
« aller à gauche ; la main de la bride doit

« aussi produire quatre effets, qui sont ren-
« dre la main, soutenir la main, tourner la
« main à droite et tourner la main à gau-
« che. »

Revenons aux trois qualités principales qui
constituent une bonne main ; c'est-à-dire,
la main légère, qui ne sent point l'appui
du mors sur les barres; la main douce, qui
sent un peu l'effet du mors sans donner trop
d'appui, et la main ferme, qui tient le cheval dans un appui à pleine main. C'est ces
trois mouvemens différens qu'il faut se perfectionner à accorder pour bien former la
bouche d'un cheval.

Voici ce que dit encore M. de la Guérinière
à cet égard :

« C'est un grand art que de savoir accor-
« der ces trois différens mouvemens de la
« main, suivant la nature de chaque che-
« val, sans contraindre trop et sans aban-
« donner à coup le véritable appui de la
« bouche, c'est-à-dire, qu'après avoir rendu
« la main, ce qui est l'action de la main
« légère, il faut la retenir doucement, pour
« chercher et sentir peu à peu dans la main
« l'appui du mors; c'est ce qu'on appelle avoir
« la main douce; on résiste ensuite de plus
« en plus en tenant le cheval dans un appui
« plus fort, ce qui provient de la main ferme;
« et alors on adoucit et on diminue dans la
« main le sentiment du mors avant de pas-
« ser à la main légère; car il faut que la
« main douce précède et suive toujours l'ef-
« fet de la main ferme, et on ne doit jamais
« rendre la main à coup ni la tenir ferme

« d'un seul temps ; on offenseroit la bouche
« du cheval, et on lui feroit donner des coups
« de tête. »

Il est temps actuellement de commencer
la leçon au pas. A cet effet, on rassemblera
bien le cheval, sans trop faire agir le mors,
de crainte que le cheval ne se défende contre
la douleur qu'il éprouvera pour la première
fois sur les barres. En baissant la main pour
le porter en avant, on approchera les jambes
moëlleusement et en lui faisant bien légèrement sentir les éperons ; si le cheval obéit
sur le champ, on reprendra tout doucement
la main afin de lui fixer la tête bien droite, et on le portera sur la piste à droite.

Il est presque certain que pour la prise et
la sortie des coins, le cheval commencera
par faire quelques difficultés avant d'obéir
aux mouvemens de la main ; si cela arrivoit,
il ne faudroit pas résister tout-à-fait à sa volonté, et lui laisser passer les coins large-
ment sans néanmoins l'abandonner. Il arrive
même quelquefois dans ce cas, que l'écuyer
est obligé d'aider son cheval avec la rêne
du dedans du filet ; mais pour faire usage
de ce dernier moyen, il faut rendre la main,
car le mors et le filet ne doivent jamais opérer
ensemble, puisque l'action du premier dé-
truiroit l'effet du second. On n'oubliera pas
aussi d'accompagner ces différens mouvemens, par l'aide des jambes, en faisant sentir
légèrement les éperons.

Dans les premiers jours de cette leçon, on
continuera ainsi à ne pas trop contraindre
le cheval afin qu'il jouisse de plus de liberté

et qu'il puisse se familiariser avec le mors
et les aides. Lorsqu'on sentira que sa bouche commencera à prendre de l'appui et qu'il
ne se défendra pas contre les aides, on commencera aussi à maintenir le cheval un peu
plus sévèrement et ainsi de suite, jusqu'à ce
qu'on ne soit parvenu à lui faire bien effacer les coins.

Pendant que le cheval chemine, il ne faut
point lui raccourcir le pas afin de lui donner
de l'assurance. On le changera de main souvent pour le fortifier dans l'obéissance à la
bride. On n'oubliera pas d'exécuter un demi-
arrêt et de le reculer cinq ou six pas à la
fin de chaque reprise ; et si les forces de ses
jarrets le permettent, on pourra même de
temps en temps lui faire exécuter un arrêt.

L'arrêt et le demi-arrêt préparent le cheval
au travail du pas d'école, leçon absolument
nécessaire pour confirmer sa bouche.

SIXIÈME LEÇON.

Travail au pas d'école sur le carré.

Plusieurs anciens écuyers ont pensé que
c'est par le pas d'école qu'on doit commencer
à mettre un cheval au travail du manège ;
cette méthode nous paroît des plus erro-
nées ; car pour mettre un cheval au pas d'é-
cole, il est indispensable qu'il possède déjà un
certain sentiment de bouche et d'aides produit par l'action du mors et l'opération des
jambes ; qualité qu'il ne peut acquérir que
par un travail préparatoire ; nous voulons
dire au pas libre et naturel.

Il y a vraiment de quoi s'effrayer en lisant les discussions abstraites de MM. Thiroux et Dupaty sur l'art de l'équitation. Il sembleroit qu'on ne puisse devenir écuyer, sans avoir fait un cours complet d'anatomie et sans être muni d'une boussole, d'un graphomètre, d'un niveau, et même de tous les instrumens mathématiques. Néanmoins dans sa savante dissertation sur le pas d'école, M. Dupaty s'est borné à décrire cette leçon d'une manière simple et précise, et sans y attacher aucun calcul géométrique.

Nous ne pouvons mieux indiquer les moyens de mettre un cheval au pas d'école qu'en rapportant ce qu'a dit M. Dupaty à cet égard.

« Le pas d'école est un peu plus soutenu, « plus raccourci et plus cadencé que le pas « naturel du cheval. La main du cavalier doit « enlever et placer le devant, tandis que ses « jambes accélèrent les mouvemens des han- « ches ; mais il ne faut pas employer de for- « ce ni dans l'aide de la main, ni dans celles « des jambes.

« Le cheval n'exécute bien le pas d'école, « qu'en se soutenant comme de lui-même « et sans avoir besoin d'être excité par les « efforts de l'homme ; car il est à craindre si « on travaille trop de la main, que l'animal « ne se retienne et ne se décide pas ; et si on « agit avec trop de force dans les cuisses et « dans les jambes, alors au lieu de tenir le « cheval en équilibre, on le jette sur les épau- « les , ce qui arrive toutes les fois qu'on veut « chasser le cheval avec vigueur. En effet ,

« cette force des cuisse détruit l'ensemble et
« le liant qui doit exister dans l'accord de
« l'homme et du cheval ; elle donne aux han-
« ches trop d'action ; et comme le cheval
« n'a pas le temps de se placer, ni de garder
« son équilibre, il s'atterre, et manie sur les
« épaules.

« Il faut donc pour bien exécuter ce pas,
« que le cheval soit d'abord déjà bien placé,
« et que l'action des jambes de l'homme ne
« donne point à l'animal un degré de mou-
« vement dans lequel il ne se soutiendroit
« pas : il faut de plus que le cheval se trou-
« vant à l'aise, c'est-à-dire, point trop com-
« primé, puisse essayer de lui-même à se main-
« tenir bien placé. Toutes les fois qu'on fer-
« mera les cuisses avec force, on doit savoir
« qu'on ôte au cheval la liberté des muscles,
« qui se trouvant serrés par des corps étran-
« gers, ne peuvent plus agir qu'après une
« violente contraction ; et dans presque
« tous les cas, la force que nous mettons
« dans la pression violente des cuisses, fait
« roidir le cheval plutôt qu'elle ne le déter-
« mine.

« Pour mettre un cheval au pas d'école,
« on commence par s'asseoir en relâchant les
« cuisses et les jambes et en les plaçant sans
« aucune force, mais de manière qu'elles
« soient prêtes à se refermer si le cheval est
« indécis ; le cheval se sentant relâché prend
« lui-même de l'aisance et du liant. Alors on
« enlève la tête ; on place le col avec une
« main légère, afin que le cheval soit placé
« sans trouver d'obstacles qui l'empêchent de

« marcher , et on l'anime par un appel de
« langue ou par la pression des jambes. Si
« en se portant en avant il ne conserve pas
« sa tête dans la même élévation , et s'il ma-
« nie sur les épaules, on l'enlevera par un tact
« de la main , qu'on relâchera afin de ne
« point l'arrêter ; insensiblement il viendra
« au point de la tenir placée pendant une re-
« prise entière.

« L'adresse consiste donc à maintenir le
« cheval en équilibre sans le gêner , mais
« aussi sans lui laisser une liberté dont il
« pourroit abuser.

« On doit éviter avec soin deux fautes
« qu'on commet ordinairement contre ce
« principe.

« La première , est de vouloir asseoir le
« cheval malgré lui en le retenant trop de la
« main ; par-là on charge beaucoup ses han-
« ches qui demeurent immobiles , n'étant
« plus excitées à se porter en avant, et on
« sent que l'animal souffrant dans son der-
« rière , se découd , perd l'union de la mar-
« che et se retient au point de ne vouloir
« plus avancer. Si pour y remédier on chasse
« beaucoup, le cheval s'encapuchonne au
« lieu de se grandir , et ne met aucune har-
« monie dans son pas.

« L'autre défaut est de lui donner trop de
« liberté lorsqu'il a obéi quelque temps, de
« manière qu'il se déplace absolument ,
« alonge le col et perd le bon appui. Il faut
« conduire la tête et le col au degré d'éléva-
« tion le plus grand, et y tenir le cheval avec
« la main légère tant que la leçon dure : car

« si on le place deux minutes, et qu'ensuite
« on le laisse aller, on ne viendra jamais à
« bout de l'accoutumer à la gêne insépara-
« ble des premières leçons. S'il ne peut
« supporter l'assurance de la main, ayez-là
« très légère ; mais ne souffrez pas que l'é-
« quilibre se perde ; la main sur les chevaux
« foibles ou très bien mis, ne doit servir qu'à
« aviser le devant après l'avoir placé. »

L'élève ne manquera pas d'apprécier d'a-
près cet exposé, tous les avantages que présente la leçon du pas d'école ; et il se convaincra par l'expérience, que c'est réellement par les moyens de cette leçon qu'on
parvient à bien confirmer la bouche d'un cheval.

La prise des coins et les changemens de
main s'exécutent de la même manière qu'au
pas naturel ; il faut seulement avoir soin de
bien maintenir la cadence égale lors du passage dans les coins.

Comme dans cette allure le cheval se trouve
continuellement rassemblé et par conséquent
un peu contraint et gêné, il ne faut pas lui faire
faire des reprises trop longues afin de ne pas le
dégoûter ; car un cheval de manège considère
toujours comme une récompense l'abrévia-
tion de la durée des reprises.

Cette leçon devra être continuée jusqu'à
ce que le cheval ait bien pris l'appui du mors
et qu'il réponde bien aux aides.

Il arrive quelquefois que le cheval se défend contre l'action du mors ; dans ce cas,
il faut chercher à le ramener de son désordre avec douceur ; et si ce moyen ne ré-

ussit pas, il faut le débrider sur-le-champ et l'emboucher avec un bridon, le mener sur le cercle, et lui faire faire une reprise d'un trot vigoureux et alongé ; après cette reprise il faut le rebrider et le remettre de suite à sa leçon. Comme le cheval se ressouviendra de la correction qu'il vient de recevoir sur le cercle, il n'hésitera pas à montrer de la bonne volonté et de la docilité, et au bout de quelque temps il prendra même du plaisir à cette leçon.

SEPTIÈME LEÇON.

Travail au trot sur le carré.

Cette leçon ne devra être employée qu'à trotter le cheval sur le carré ; ainsi on se rappellera bien de tous les moyens à employer pour le passage des coins ; on changera de main souvent afin de rendre le cheval léger à la main et prompt aux aides. On le déterminera de temps à autre à un trot hardi et alongé ; et on n'oubliera pas de le rassembler aussitôt qu'on sentira qu'il s'abandonne sur les épaules.

Chaque reprise devra aussi être terminée au trot par un demi-arrêt ou un arrêt, et ensuite on reculera le cheval cinq ou six pas, on mettra pied à terre et on le renverra.

Dès qu'on remarquera que le cheval répond légèrement au sentiment de la main, vivement et sans emportement aux aides, alors on jugera qu'il est temps de le mettre au galop ; mais avant de mettre le cheval au galop, on a encore une autre leçon à lui donner, qui est celle de *l'épaule en dedans* :

c'est ce que nous allons faire connoître dans la huitième leçon.

HUITIÈME LEÇON.

Travail de l'épaule en dedans sur le carré.

La leçon de l'épaule en dedans considérée avec raison comme le *nec plus ultrà* de toutes celles dont on fait usage pour dresser les chevaux, est aussi une des plus difficiles à faire exécuter au cheval.

Si nous entreprenions de vouloir en donner l'explication nous-même, nous ne pourrions qu'affoiblir tout ce qui a été dit à cet égard par M. de la Guérinière qui en est l'auteur.

Ainsi, nous ne pouvons mieux faire que de rapporter mot à mot toute la dissertation de ce savant écuyer.

M. de la Guérinière dit : « L'aveu que fait
« M. le duc de Newcastle des inconvéniens
« du cercle, prouve évidemment qu'il n'est
« pas le vrai moyen d'assouplir parfaitement
« les épaules, puisqu'une chose contrainte et
« appesantie par son propre poids ne peut être
« légère ; mais une grande vérité que cet il-
« lustre auteur admet, c'est que l'épaule ne
« peut s'assouplir si la jambe de derrière
« de dedans n'est avancée et approchée en
« marchant de la jambe de derrière du de-
« hors ; et c'est cette judicieuse remarque qui
« m'a fait chercher et trouver la leçon de l'é-
« paule en dedans dont nous allons donner
« l'explication.

« Lors donc qu'un cheval saura trotter li-
« brement aux deux mains sur le cercle et

« sur la ligne droite ; qu'il saura sur la même
« ligne, marcher un pas tranquille et égal,
« et qu'on l'aura accoutumé à former des
« arrêts et demi-arrêts et à porter la tête en
« dedans, il faudra alors le mener au petit
« pas lent et peu raccourci le long de la mu-
« raille, et le placer de manière que les han-
« ches décrivent une ligne et les épaules une
« autre.

« La ligne des hanches doit être près de
« la muraille, et celle des épaules détachée
« etéloignée du mur environ un pied et demi
« ou deux, en le tenant plié à la main où
« il va ; c'est-à-dire, pour m'expliquer plus
« familièrement, qu'au lieu de tenir un che-
« val tout-à-fait droit d'épaules et des han-
« ches sur la ligne droite le long du mur,
« il faut lui tourner la tête et les épaules un
« peu en dedans vers le centre du manège,
« comme si effectivement on vouloit le tour-
« ner tout-à-fait ; et lorsqu'il est dans cette
« posture oblique et circulaire, il faut le faire
« marcher en avant le long du mur, en l'ai-
« dant de la jambe de dedans *(et en le soute-*
« *nant légèrement de celle de dehors)*; ce qu'il
« ne peut absolument faire dans cette attitude
« sans croiser ni chevaler la jambe de devant
« de dedans par-dessus celle de dehors.

« Cette leçon produit tant de bons effets
« à-la-fois, que je la regarde comme la pre-
« mière et la dernière de toutes celles qu'on
« peut donner au cheval pour lui faire pren-
« dre une entière souplesse et une parfaite
« liberté dans toutes ses parties. Cela est si
« vrai, qu'un cheval qui aura été assoupli

« suivant ce principe, et gâté après, ou à
« l'école, ou par quelqu'ignorant ; si un
« homme de cheval le remet pendant quel-
« ques jours à cette leçon, il se trouvera aussi
« souple et aussi aisé qu'auparavant.

« 1.º Cette leçon assouplit les épaules, parce
« que la jambe de devant croisant et cheva-
« lant à chaque pas que le cheval fait dans
« cette attitude en avant par-dessus celle de
« dehors, et le pied de dedans allant se poser
« au-dessus du pied de dehors et sur la ligne
« de ce même pied, le mouvement auquel
« l'épaule est obligée dans cette action, fait
« agir nécessairement les ressorts de cette
« partie, ce qui est facile à concevoir.

« 2.º L'épaule en dedans prépare un che-
« val à se mettre sur les hanches, parce qu'à
« chaque pas qu'il fait dans cette posture, il
« porte en avant sous le ventre, la jambe de
« derrière de dedans, et va la placer au-dessus
« de celle de dehors, ce qu'il ne peut faire sans
« baisser la hanche ; il est donc toujours sur
« une hanche à une main, et toujours sur l'au-
« tre hanche à l'autre main, et par conséquent
« il apprend à plier les jarrets sous lui : c'est
« ce qu'on appelle être sur les hanches.

« 3.º Cette leçon dispose un cheval à fuir
« les talons, parce qu'à chaque mouvement
« étant obligé de croiser et de passer ses jam-
« bes l'une par-dessus l'autre, tant celles de
« devant que celles de derrière, il acquiert
« par-là la faculté de bien chevaler les bras
« et les jambes aux deux mains, ce qu'il faut
« qu'il fasse pour aller librement de côté ;
« en sorte que lorsqu'on mène un cheval l'é-

« paule en dedans à main droite, on le pré-
« pare à fuir les talons à main gauche ; parce
« que c'est l'épaule droite qui s'assouplit et
« qui le prépare à bien passer la jambe gau-
« che pour aller facilement de côté à main
« droite.

« Pour changer de main dans la leçon de
« l'épaule en dedans, par exemple de droite
« à gauche, il faut conserver le pli de la tête
« et du col, et en quittant le mur, faire mar-
« cher le cheval droit d'épaules et de han-
« ches sur une ligne oblique, jusqu'à ce qu'il
« soit arrivé dans cette posture sur la ligne
« de l'autre muraille ; et là, il faudra lui
« placer la tête à gauche et les épaules en de-
« dans, et détachées de la ligne de la mu-
« raille, en l'élargissant et lui faisant croiser
« les jambes de dedans à cette main par-des-
« sus celles de dehors, le long du mur, et de
« la même manière que nous venons de l'ex-
« pliquer pour la droite.

« Comme le cheval manquera dans l'exé-
« cution des premières leçons de l'épaule en
« dedans, soit en mettant la croupe trop en
« dedans, soit au contraire en tournant les
« épaules trop en dedans et en quittant la
« muraille, pour éviter la sujétion de passer
« et de croiser ses jambes dans une posture
« qui lui tient tous les muscles dans une con-
« tinuelle contraction, ce qui le gêne quand
« il n'y est pas accoutumé ; le cercle doit alors
« servir à ses défenses. On le menera donc
« au petit pas sur un cercle large, et on lui
« dérobera de temps en temps des pas croisés
« des jambes de dedans par-dessus celles de

« dehors ; en sorte qu'en élargissant le cer-
« cle de plus en plus , insensiblement on ar-
« rivera sur la ligne de la muraille , et le
« cheval se trouvera dans la posture de l'é-
« paule en dedans ; et dans cette attitude ,
« on lui fera faire quelques pas en avant
« le long du mur ; ensuite on l'arrêtera , on
« lui pliera le col et la tête , en faisant jouer
« le mors dans la bouche avec la rêne de de-
« dans ; on le flattera et on le renverra.

« S'il arrive qu'un cheval se retienne ou
« se défende par malice , ne voulant se ren-
« dre à la sujétion de cette leçon , il fau-
« dra la quitter pour quelque temps , et re-
« venir au premier principe du trot étendu
« et hardi , tant sur la ligne droite que sur
« des cercles ; et lorsqu'il obéira , on le re-
« mettra au pas , l'épaule en dedans sur la
« ligne de la muraille , et s'il va bien quel-
« ques pas , il faut l'arrêter , le flatter et le
« descendre.

« Lorsque le cheval commencera à obéir aux
« deux mains , à la leçon de l'épaule en dedans,
« on lui apprendra à bien prendre les coins ,
« ce qui est le plus difficile de cette leçon.
« Pour cela il faudra à chaque coin , c'est-à-
« dire au bout de chaque ligne droite , faire
« entrer les épaules dans le coin , lui conser-
« vant la tête placée en dedans ; et dans le
« temps qu'on tourne les épaules sur l'autre
« ligne , il faut faire passer les hanches , à
« leur tour , dans le coin par où les épaules
« ont passé. C'est avec la rêne de dedans et
« la jambe de dedans qu'on porte le cheval
« en avant dans les coins ; mais dans le temps

« qu'on le tourne sur l'autre ligne, il faut
« que ce soit avec la rêne de dehors, en por-
« tant la main en dedans, et prendre le
« temps qu'il ait la jambe en l'air et prête à
« retomber, afin qu'en retournant la main
« dans ce temps-là, la jambe de dehors puisse
« passer par-dessus celle de dedans, (défense
« la plus ordinaire des chevaux.) Il faudra
« le pincer du talon de dedans, en même
« temps qu'on tournera les épaules sur l'au-
« tre ligne. Voilà, selon moi, ce qu'on ap-
« pelle *prendre les coins*, et non pas comme
« font la plupart des cavaliers, qui se con-
« tentent de faire entrer la tête et les épau-
« les dans le coin, et négligent d'y faire
« passer la croupe, de manière que le cheval
« tourne tout d'une pièce ; au lieu qu'en y
« faisant passer les hanches après les épau-
« les, le cheval, dans ce passage d'épaules et
« de hanches, s'assouplit non-seulement ces
« deux parties, mais encore les côtes, dont
« la souplesse augmente beaucoup l'égalité
« des ressorts du reste de son corps.
   « Si l'on examine la structure et le méca-
« nisme du cheval, on sera aisément per-
« suadé de l'utilité de l'épaule en dedans,
« et l'on conviendra que les raisons que j'ap-
« porte pour autoriser ce principe, sont ti-
« rées de la nature même, qui ne se dément
« jamais quand on ne la contraint au-delà
« de ses forces ; et en même temps si l'on fait
« attention à l'action des jambes du cheval
« qui va sur un cercle la tête dedans, la
« croupe dehors, il sera aisé de concevoir
« que ce sont les hanches qui acquièrent

« cette souplesse que l'on prétend donner
« aux épaules par le moyen du cercle, puis-
« qu'il est certain que la partie qui fait un
« plus grand mouvement est celle qui s'as-
« souplit le plus.

« J'admets donc le cercle, pour donner
« aux chevaux la première souplesse, et
« aussi pour châtier et corriger ceux qui se
« défendent par malice, en mettant la croupe
« dedans malgré le cavalier ; mais je regarde
« ensuite l'épaule en dedans comme une le-
« çon indispensable pour achever d'assou-
« plir les épaules, et leur donner la facilité
« de passer librement les jambes l'une par-
« dessus l'autre : ce qui est une perfection
« que doivent avoir tous les chevaux qu'on
« appelle bien mis et bien dressés. »

L'explication de la leçon de l'épaule en
dedans, que nous venons de rapporter, est
tellement simple, précise et claire, qu'il
nous seroit impossible d'y oser ajouter le
moindre détail.

Après avoir ainsi travaillé suffisamment le
cheval, l'épaule en dedans, et lorsqu'on reconnoîtra qu'il prendra bien les coins et exécutera les changemens de main librement,
sans opiniâtreté et sans défense, il sera temps
de le mettre au galop : c'est ce dont nous
nous occuperons dans la leçon suivante.

NEUVIÈME LEÇON.

Travail au galop sur le carré.

Il paroît, d'après ce qu'a rapporté M.
Bourgelat, que la recherche de l'étymologie

des mots *galop* et *galoper*, a été l'objet de beaucoup de dissertations par les plus savans étymologistes, et qu'en résultat ils ont simplement fini par prouver que les mots *galop* et *galoper* sont tirés du grec, et que les Latins disoient *calopare*, et les Français *galoper*. (La belle découverte!)

Sans chercher à rien préjuger sur le but que peuvent avoir tant de discussions étymologiques dans un manège, nous nous contenterons de dire à l'élève que le galop est l'action la plus élevée et la plus diligente des allures naturelles du cheval, et que cette allure est le résultat de plusieurs sauts consécutivement réitérés en avant.

En examinant attentivement l'action du galop, nous voyons l'avant-main s'élever par le moyen du secours que lui prête l'arrière-main, et d'où elle tire sa force et son appui. Ainsi donc, lorsque le pied de devant est levé, l'action vigoureuse qu'emploie le cavalier, force le cheval à prendre si rapidement un appui sur le pied de derrière, que ce même pied suit celui de devant du même côté.

Pour donner encore des détails plus circonstanciés sur l'allure du galop, et pour ne pas affoiblir tout ce qui a déjà été dit à cet égard par tant de savans écuyers, nous rapporterons ici la dissertation de M. Dupaty. Cet écuyer dit : « Tout cheval qui galope « prend un point d'appui principal sur une « jambe de derrière, et s'il est uni, il enlève « l'épaule opposée plus que la voisine. Dans « l'instant qu'il prend ce point d'appui, il

« marque une foulée plus forte qu'à l'ordi-
« naire, de cette jambe, qui tombe avec plus
« de vîtesse, ainsi que celle de devant oppo-
« sée, en sorte que le départ au galop est
« exécuté par les deux jambes qui se meuvent
« les dernières, lorsque le pas de galop est
« bien formé : assertion très essentielle à sa-
« voir, si l'on veut saisir le temps juste du
« départ sur une jambe donnée.

« Comme le pas de galop est véritable-
« ment un saut, il est nécessaire, vu l'élé-
« vation que prend toute la masse, que le
« ressort qui doit la pousser reçoive une
« compression forte, de laquelle il s'ensuive
« une détente plus violente : c'est ce qui fait
« précipiter la battue ; et comme les jambes
« sont en l'air en raison croisée, si la gauche
« de derrière est enlevée pour retomber et
« faire appui à la masse, il en résulte que la
« droite de devant est aussi enlevée.

« Ce principe étant certain, pour faire
« partir l'animal à volonté, soit à droite,
« soit à gauche, il s'agit d'accélérer la chute
« de la jambe qui doit faire appui, et d'animer
« son ressort, mais de manière que l'opéra-
« tion étant juste, nette et précise, le cheval
« ne puisse confondre pour quelle jambe est
« l'avertissement.

« Pour y réussir, je dispose le cheval de
« façon qu'il ne puisse, quand il le voudroit,
« se tromper, ni résister à mes actions. Le
« cheval étant plié, et bien dans le droit, je
« marque un demi-arrêt de la main, par le-
« quel il se grandit et se fixe sur les hanches;
« je sens la rêne de dehors qui retarde l'é-

« paule de dehors et contient les hanches :
« par-là l'épaule de dedans marche mieux,
« et la jambe de cette épaule est prête à
« chevaler. Ensuite, saisissant l'instant que
« la jambe gauche de derrière va tomber à
« terre, je laisse tomber mes deux jambes
« pour hâter la chute du pied gauche de
« derrière du cheval, et par conséquent
« celle du pied droit de devant, et le cheval
« part juste au galop. J'ai soin d'avoir la
« main légère, afin de diminuer la douleur
« du cheval et l'objet de sa résistance : mes
« deux jambes, moëlleuses et assurées, l'ac-
« compagnent, et portent l'animal en avant.

« On se souviendra que si la rêne de de-
« hors n'a pas l'effet d'arrêter l'épaule de
« dehors, ou que le cheval force cette rêne
« pour prendre un grand pli, il partira faux,
« parce que cette épaule, par ce contre-
« temps, sort beaucoup et se déploie consé-
« quemment la première, et que le cheval,
« en forçant cette rêne, laisse passer l'ins-
« tant de la chute de la jambe gauche de der-
« rière, pour ne partir qu'à la jambe droite
« de derrière. Pour corriger le cheval de ce
« défaut, je le pars les premières fois en
« élargissant les épaules d'un tiers de leur
« largeur avec la rêne de dehors, que je ne
« lâche point, et avec laquelle je lui résiste
« fortement s'il veut en éviter l'effet : par-là
« il viendra en peu de temps à partir juste.

« Il arrive encore que le cheval manque,
« parce que la jambe de dedans de l'homme
« venant à toucher trop subitement ou trop
« fortement le flanc droit, la croupe se jette

« en dehors, et le côté de dedans redouble
« d'action, en sorte que le premier temps est
« encore perdu, et même employé à déran-
« ger la position. Il est donc à propos, en
« saisissant les temps et en plaçant bien le
« cheval, de lui donner des aides qui ne le
« troublent point, et ne fassent que l'avertir
« d'obéir ; mais l'écolier, peu sûr de son as-
« siette ou de ses opérations, devance sou-
« vent les instans, et n'est pas certain d'ar-
« river avec eux. Le temps et la bonne posi-
« tion apprendront à sentir ; parvenu à sen-
« tir on opérera juste.

« Telle est la meilleure manière de partir,
« soit au pas, soit au trot ; mais tous les
« chevaux ne s'y prêtent qu'à mesure que
« leurs épaules sont gagnées ; et s'ils présen-
« tent des difficultés plutôt d'un côté que
« de l'autre, c'est que ce côté n'est pas assez
« assoupli. Il est bon de travailler également
« et de partir tantôt à droite, tantôt à gau-
« che, mais toujours en gardant le pli.

« Si cependant on a affaire à un animal
« brut et ignorant, on pourra, pour le
« faire partir juste, se contenter de bien
« l'unir au trot, et de saisir avec l'aide des
« deux jambes égales, l'instant de la chute
« du pied qui doit porter la masse, en tenant
« le cheval droit et bien devant lui. Mais on
« ne doit point admettre la mauvaise prati-
« que des maquignons, qui plient à gauche
« et pincent de ce côté, pour laisser la jambe
« droite se développer et partir la première ;
« c'est écraser un cheval et le ruiner, que de
« travailler ainsi.

« Le cheval étant bien parti, ne doit être
« ni trop rassemblé, ni trop alongé ; trop
« rassemblé, il se fatigueroit et n'avance-
« roit pas ; trop alongé, le derrière ne chas-
« seroit pas assez le devant, et la jambe qui
« fait ressort ne seroit pas dans la ligne d'in-
« nixion convenable pour mettre le cheval
« en force. Chaque individu a un degré de
« vîtesse dans lequel il est maître de se sou-
« tenir ; en deçà ou au delà il est mal à son
« aise, et il déplaît à l'homme qui le monte ;
« c'est à nous à sentir et à juger les désirs
« de la nature.
« Il est d'un écuyer instruit de la marche
« de la nature, de ne pas galoper trop tôt un
« jeune cheval ; ses efforts étant plus grands
« qu'à une allure moins enlevée, ses jarrets
« fatiguent plus ; et s'ils ne sont pas bien
« formés et bien forts, ils éprouveront quel-
« ques désordres dans leur organisation, et
« par-là on sera privé des mouvemens vi-
« goureux et précis qu'ils auroient eus s'ils
« eussent été conservés. On évitera aussi de
« le galoper trop long-temps ; outre la fati-
« gue des jarrets, on exciteroit une transpi-
« ration trop abondante, qui est dangereuse
« pour les jeunes chevaux ; elle appauvrit
« leur sang, diminue leurs forces digestives,
« et les fait tomber dans l'épuisement. »
Sans doute on aura saisi avec discernement
la dissertation de M. Dupaty ; mais il ne suffit pas, pour galoper un cheval avec art, de
savoir simplement ce que c'est que l'allure
du galop ; il faut aussi savoir maintenir son
cheval dans un galop juste et uni, et même le

faire mener à volonté, soit de la jambe droite, soit de la jambe gauche : (ce qu'on appelle galoper sur le pied droit ou sur le pied gauche.)

Rien n'est plus facile que de sentir si le cheval galope juste ou faux. Par exemple : si on galope à droite, c'est la jambe droite qui doit mener, c'est-à-dire, entamer la piste ; et dès-lors le cavalier sent sa cuisse droite se porter en avant par le mouvement auquel elle est obligée pour suivre l'épaule droite du cheval, tandis que la cuisse gauche reste en arrière ; si on galope à gauche, c'est la jambe gauche qui doit mener, et, dans ce cas, le cavalier éprouve dans la cuisse gauche le même mouvement qu'il éprouvoit dans la cuisse droite au galop à droite. Voilà ce qu'on appelle le galop juste.

Le galop est faux, par exemple, lorsqu'on galope à droite et que le cheval mène de la jambe gauche, *et vice versâ*.

Le galop est uni, lorsque les jambes de derrière suivent régulièrement celles de devant. Il est désuni, lorsque les jambes de derrière suivent les jambes de devant du côté opposé. Cette dernière manière de galoper est non-seulement de la plus grande incommodité pour le cavalier, mais elle est encore très-dangereuse, en ce qu'un cheval qui galope ainsi finit par s'abattre.

Il faut néanmoins un certain usage pour bien distinguer les différens mouvemens du galop. Lorsqu'un cheval a le galop naturellement alongé, le mouvement en est plus distinct et les quatre battues plus sensibles ;

et lorsqu'il l'a naturellement raccourci , le mouvement est court, et par conséquent les battues plus promptes.

Il est donc de la plus grande nécessité qu'un cavalier sache faire la distinction de ces différens mouvemens , soit pour maintenir le cheval bien uni ; soit pour le remettre lorsqu'il se désunit.

Il nous reste maintenant encore à faire connoître les moyens qu'on devra employer pour modérer le galop, retenir et arrêter le cheval selon la volonté et selon que les circonstances peuvent l'exiger.

Nous rapporterons à cet égard, mot à mot, ce qu'a dit M. de Pons-d'Hostun , ancien écuyer du Roi , dans son aimable ouvrage intitulé : l'*Ecuyer des Dames*. Ses principes sont puisés en partie dans ceux de M. le duc de Newcastle.

« L'arrêt du galop, par le droit , se doit
« faire en renfermant prudemment le cheval,
« sans altérer ni ébranler l'appui, et en recu
« lant un peu le corps pour accompagner
« cette action, et même pour soulager les
« épaules du cheval. Ce temps se doit pren
« dre , la main et le corps également fermes,
« précisément quand le cheval pose les pieds
« de devant à terre, afin qu'en les relevant
« sur-le-champ par le mouvement naturel
« qui suivra, il se trouve appuyé sur les
« hanches; si au contraire vous faites la
« première action du parer pendant que les
« épaules de votre cheval s'avanceront ou
« seront en l'air, vous courrez risque d'en
« durcir l'appui, d'arrêter le cheval sur les

« épaules et même sur la bouche, et de lui
« faire faire quelques faux mouvemens de
« la tête, l'ayant surpris au temps de la des-
« cente des épaules.

« Il est des chevaux qui se retiennent et
« qui n'emploient pas assez leurs forces. Galo-
« pez-les vîte, ensuite plus doucement, et
« encore après un peu plus vîte, les travail-
« lant ainsi alternativement vîte et lente-
« ment, selon les occasions et la nécessité ;
« laissez-les même quelquefois partir de la
« main l'espace de vingt pas, marquez un
« demi-arrêt en portant le corps en arrière,
« et reprenez-les au petit galop : ils sont
« assurément contraints d'obéir par-là, à la
« main et aux talons.

« Au petit galop comme au trot, il est
« quelquefois nécessaire d'approcher les ta-
« lons, ce qui s'appelle pincer; mais il faut
« le pincer de façon qu'il ne s'abandonne
« pas, et qu'il soit sur les hanches et non sur
« les épaules : pour cet effet, en le pinçant,
« tenez-le dans la main.

« Pour le bien mettre sous lui au galop,
« approchez vos deux jambes fort en arrière,
« vous l'obligerez de couler ses pieds sous
« son ventre, et au même instant élevez un
« peu la main pour soutenir un peu le de-
« vant en l'air, et rendez sur-le-champ ;
« soutenez encore un temps ensuite, et ainsi
« continuellement, jusqu'à ce que vous ne
« sentiez plier les hanches, et que le cheval
« galope assis ; pressez des gras de jambe,
« et vous le rendrez sensible.

« Le cheval a-t-il la bouche extrêmement

« délicate, galopez-le sur un terrain un peu
« penchant; alors il est obligé de s'appuyer
« un peu sur la main pour se ramener sur
« les hanches, et la crainte qu'il a de s'of-
« fenser lui-même les barres et les gencives,
« l'empêche de s'opposer à l'action de la bri-
« de. Si le galop, sur le terrain un peu pen-
« chant, assure une bouche très foible, ser-
« vez-vous du même terrain en montant,
« pour alléger le cheval qui pesera et qui
« aura l'appui plus dur qu'à pleine main. »

Par ce que nous venons de rapporter, il est
aisé de concevoir que le travail au galop a pour
but principal de donner un bon appui à la
bouche du cheval, de le dénouer et de le
rendre parfaitement libre de ses membres.
L'action du galop force aussi le cheval fougueux et impatient à être attentif aux aides
du cavalier ; elle restreint les forces de celui
qui voudroit user de sa vigueur pour se défendre. Néanmoins on se rappellera de ne
jamais abuser de cette leçon, et d'en proportionner l'usage au naturel et à la force du
cheval ; car autant les leçons trop actives conviennent aux chevaux lâches et paresseux,
autant elles sont nuisibles à ceux qui sont vifs
et sensibles.

Maintenant qu'on connoît tous les moyens
nécessaires pour mettre le cheval au galop,
nous allons indiquer la manière de commencer la leçon. A cet effet, on conduira le cheval bien droit sur la piste à droite ; après lui
avoir fait faire un tour au pas, on le mettra
au trot. Ensuite on le rassemblera, les rênes
bien égales ; on sentira légèrement la rêne du

dehors, on soutiendra doucement ce mouvement avec la jambe du même côté, et au moment où le cheval posera sa jambe gauche à terre, on appuiera vivement la jambe droite, et le cheval partira au galop à droite. Aussitôt qu'il aura obéi, on sentira la rêne droite pour lui ramener le bout du nez en dedans, et par ce moyen lui donner un peu le pli. Pour le mettre au galop à gauche, on emploiera les moyens opposés.

Pour prendre les coins et changer de main, voyez ce que nous avons enseigné à la sixième leçon de la première partie.

Avant de terminer cette leçon, nous rapporterons encore un fragment d'une dissertation de M. de la Guérinière, relativement au galop, car ses principes sont pour nous une loi. Voici ce qu'il dit :

« C'est une règle pratiquée par tous les
« habiles maîtres, qu'il ne faut jamais galo-
« per un cheval sans l'avoir assoupli au trot,
« de façon qu'il se présente de lui-même au
« galop, sans peser ni tirer à la main. Il faut
« donc attendre qu'il soit souple de tout son
« corps, qu'il soit arrondi l'épaule en de-
« dans, qu'il obéisse aux talons au passage
« de la croupe au mur (1), et qu'il soit de-
« venu léger au piaffer dans les piliers (2);
« et sitôt qu'il sera parvenu à ce point d'o-

____

(1) Nous pensons que le passage de la croupe au mur ne peut bien s'exécuter qu'après la leçon du galop.

(2) En supposant qu'on veuille admettre les piliers, nous pensons qu'on ne doit mettre le cheval à cette leçon, pour l'apprendre à piaffer, qu'après l'avoir exercé à la leçon du galop.

« béissance, pour peu qu'on l'ébranle au ga-
« lop, il le fera avec plaisir. Il faudra le ga-
« loper dans la posture de l'épaule en dedans
« (1), non-seulement pour le rendre plus li-
« bre et plus obéissant, mais pour lui ôter
« la mauvaise habitude qu'ont presque tous
« les chevaux, de galoper la jambe de dedans
« de derrière ouverte, écartée et hors de la
« ligne de la jambe de dedans de devant. Ce
« défaut est d'autant plus considérable, qu'il
« incommode fort un cavalier et le place mal
« à son aise, comme il est facile de le remar-
« quer dans la plupart de ceux qui galopent.
« Par exemple, sur le pied droit, qui est la
« manière de galoper les chevaux de chasse
« et de campagne, on verra qu'ils ont pres-
« que tous l'épaule gauche reculée, et qu'ils
« sont penchés à gauche. La raison en est
« naturelle ; c'est que le cheval, en galopant
« la jambe droite de derrière ouverte et écar-
« tée de la gauche, l'os de la hanche, dans
« cette situation, pousse et jette nécessaire-
« ment le cavalier en dehors, et le place de
« travers. C'est donc pour remédier à ce dé-
« faut, qu'il faut galoper un cheval l'épaule
« en dedans, pour lui apprendre à approcher
« la jambe de derrière de dedans de celle de
« dehors, et lui faire baisser la hanche ; et
« lorsqu'il a été assoupli et rompu dans cette
« posture, il lui est aisé de galoper ensuite
« les hanches unies et sur la ligne des épau-
« les, en sorte que le derrière chasse le de-
« vant ; ce qui est le vrai et le beau galop.

____

(1) Il faut se contenter de sentir la rêne de dedans.

« M. de la Broue dit : Que le beau galop
« doit être raccourci du devant et diligent
« des hanches (cette définition regarde le
« galop de manège dont nous parlons ici,
« car le galop de chasse ou de campagne doit
« être étendu).

« Cette diligence dans le train de derrière,
« qui forme la vraie cadence pour le galop,
« ne s'acquiert que par les envies d'aller, les
« demi-arrêts et les fréquentes descentes de
« main. Les envies d'aller déterminent un
« cheval plus vîte que sa cadence ordinaire ;
« le demi-arrêt soutient le devant du cheval,
« après l'avoir déterminé quelques pas ; et la
« descente de main est la récompense qui
« doit suivre immédiatement après l'obéis-
« sance du cheval, et qui l'empêche de
« prendre la mauvaise habitude de s'appuyer
« sur le mors.

« Lorsqu'un cheval prend facilement l'en-
« vie d'aller, qu'il est assuré et obéissant à
« la main au demi-arrêt, et qu'il ne met
« point la tête en désordre dans la descente
« de main, il faut alors le régler dans un
« galop uni, qui est celui dans lequel le
« derrière chasse et accompagne le devant
« d'une cadence égale, sans traîner les han-
« ches, et que l'envie d'aller et les demi-
« arrêts soient, pour ainsi dire, impercep-
« tibles, et ne soient sensibles qu'au cheval.

« Pour parvenir à donner ce galop cadencé
« et uni, il faut examiner soigneusement la
« nature de chaque cheval, afin de pouvoir
« dispenser à propos les leçons qui lui con-
« viennent.

« Les chevaux qui retiennent leurs forces
« doivent être étendus et déterminés sur de
« longues lignes droites avant que de régler
« leur galop ; ceux au contraire qui ont
« trop d'ardeur, doivent être tenus dans un
« galop lent et raccourci qui leur ôte l'envie
« de se hâter trop : ce qui, en même temps,
« augmentera leur haleine.

« Il ne faut pas toujours galoper sur des
« lignes droites, mais souvent sur des cer-
« cles, les chevaux qui ont trop de reins,
« parce qu'étant obligés de tenir leurs for-
« ces plus unies pour tourner que pour aller
« droit, cette action leur diminue la force
« des reins, leur occupe la mémoire et la
« vue, leur ôte la fougue et l'envie de tirer
« à la main.

« Il y a d'autres chevaux qui avec assez
« de reins ont de la foiblesse, ou ressentent
« de la douleur, soit dans les épaules ou
« dans les jambes, ou dans les boulets, ou
« dans les pieds, par nature ou par acci-
« dent. Comme ces sortes de chevaux se dé-
« fient de leurs forces, ils se présentent or-
« dinairement de mauvaise grâce au galop ;
« il ne faut pas leur demander de longues
« reprises, afin de conserver leur courage
« et de ménager leur peu de vigueur.

« Il y a encore deux autres natures de
« chevaux, dont la manière de galoper est
« différente. Quelques-uns nagent en galo-
« pant, c'est-à-dire, qu'ils alongent les jam-
« bes de devant, en les levant trop haut ;
« d'autres au contraire galopent trop près
« de terre. Pour remédier au défaut des pre-

« miers, il faut baisser la main et pousser
« le talon bas en appuyant sur les étriers,
« dans le temps que les pieds de devant se
« posent à terre ; et il faut rendre la main
« quand le devant est en l'air, à ceux qui
« galopent trop près de terre, et qui s'ap-
« puient sur le mors, en les secourant des
« gras de jambes, et en soutenant la main
« près de soi dans le temps qu'ils retombent
« des pieds de devant à terre, sans trop poser
« sur les étriers.

« On doit galoper un cheval d'une piste
« jusqu'à ce qu'il galope facilement aux deux
« mains ; car si on le vouloit trop tôt presser
« d'aller de côté, c'est-à-dire, avant qu'il
« eût acquis la souplesse et la liberté du ga-
« lop, il s'endurciroit l'appui de la bouche,
« deviendroit roide dans son devant, et on
« lui donneroit par-là occasion de se défen-
« dre. On connoîtra facilement quand il sera
« en état de galoper les hanches dedans ;
« parce qu'en lui mettant la croupe au mur,
« s'il se sent assez souple et libre pour obéir,
« pour le peu qu'on l'anime de la langue et
« qu'on le diligente de la jambe de dehors,
« il prendra de lui-même le galop, qu'on
« continuera quelques pas seulement, l'ar-
« rêtant et le flattant après, et en lui fai-
« sant pratiquer cette leçon de temps à au-
« tre, jusqu'à ce qu'on le sente en état de
« fournir une reprise entière. »

Toutes ces leçons bien exécutées, appro-
priées à la nature de chaque cheval, perfec-
tionnées par l'épaule en dedans et la croupe
au mur, suivies de la ligne droite par le mi-

lieu du manège, sur laquelle ligne il faut toujours finir chaque reprise, pour unir et redresser les hanches, rendront avec le temps un cheval libre, aisé et obéissant dans son galop, qui est une allure qui fait autant de plaisir à ceux qui voient galoper un cheval de bonne grâce, qu'elle est commode et agréable au cavalier.

Voilà ce qu'on appelle, selon nos plus grands maîtres, savoir mettre un cheval au galop.

DIXIÈME LEÇON.

De la croupe au mur.

Quelques écuyers sont dans l'habitude de mettre la tête du cheval au mur, pour lui apprendre à aller de côté; nous avons même vu pratiquer cette méthode erronée dans quelques régimens de cavalerie. Cependant il est bien facile de concevoir qu'avec ce principe, le cheval ne finira par aller de côté que par routine, et non pas par l'impulsion qui lui sera imprimée par son cavalier, par l'effet de la main et des jambes. Car ôtez un cheval habitué de la sorte, de devant la muraille, et conduisez-le en plaine, cherchez à le faire aller de côté, il ne saura plus ce que vous lui demanderez, parce qu'il ne verra plus devant lui l'objet qui fixoit sa vue et qui lui servoit de guide.

En mettant le cheval la croupe au mur, il n'en résultera pas le même inconvénient. D'ailleurs, cette leçon dérive naturellement de celle de l'épaule en dedans. En effet, si

le cheval marche l'épaule en dedans à main
droite, il se prépare à fuir les talons à main
gauche ; *et vice versâ.*

Ainsi, étant à cheval, on se placera au
commencement de la piste à main droite, ensuite on mettra le cheval à l'air de l'épaule
en dedans, et à une assez grande distance
du mur pour pouvoir lui tourner la croupe
au mur, de manière à ce que les épaules et
les hanches soient presque placées en ligne
directe, pour le préparer à fuir le talon droit
pour aller à main gauche.

Comme dans le commencement le cheval
se trouvera un peu embarrassé dans cette
leçon, on le menera très doucement, sans
lui donner le pli, ni observer de justesse ; on
l'excitera simplement à aller de côté, en sentant la rêne droite et légèrement la jambe
du même côté ; si le cheval fait docilement
trois ou quatre pas de côté en chevalant bien
la jambe droite par-dessus la jambe gauche,
on l'arrêtera et on le flattera pour lui faire sentir que c'est ce qu'on lui demande ; ensuite
on continuera de cette manière à lui dérober quelques pas de côté jusqu'à ce qu'on ne
l'ait fait arriver dans cette attitude au bout
de la ligne à l'autre coin du manège. Après
l'avoir laissé souffler un instant, on le re-
dressera, ensuite on sentira la rêne et légèrement la jambe gauche, pour l'obliger à
fuir le talon gauche et à aller de côté à main
droite, afin de retourner au même point d'où
l'on est d'abord parti.

S'il arrivoit que le cheval refusât d'obéir,

soit à l'une ou à l'autre main, ce seroit une preuve certaine qu'il n'a pas été assez assoupli des épaules : par exemple, si le cheval refusoit de fuir le talon droit pour aller de côté à main gauche, il faudroit le remettre à la leçon de l'épaule en dedans à main droite ; *et vice versâ.* En le faisant cheminer ainsi l'épaule en dedans, on lui ramenera insensiblement la tête encore plus en dedans, et on aidera l'effet de la main par la pression de la jambe du même côté, jusqu'à ce qu'on ne soit parvenu à mettre la croupe du cheval en face du mur ; de cette manière on parviendra à faire aller le cheval de côté sans qu'il puisse s'en apercevoir.

Sitôt que le cheval obéira et marchera facilement de côté aux deux mains, la croupe au mur, il sera temps de lui faire prendre l'attitude qui convient, afin de lui faire fuir les talons avec grâce. Pour cela, on aura trois principes à observer : 1.º de faire marcher la moitié des épaules avant les hanches; 2.º de plier le cheval du côté où il marche; 3.º et de lui faire décrire les deux lignes, sans avancer ni reculer.

Pour terminer cette leçon, nous allons faire connoître quelques observations de M. de la Guerinière ; cet écuyer dit, entre autres :
« De peur qu'un cheval allant de côté ne
« tombe dans le défaut de se traverser et
« de pousser ou de se jeter sur un talon ou
« sur l'autre, malgré l'aide du cavalier ; il
« faut, à la fin de chaque reprise, le mener
« droit dans les talons d'une piste, sur la

« ligne du milieu de la place : on lui apprend
« aussi sur la même ligne à reculer droit dans
« la balance des talons.

« Quoique la leçon de l'épaule en dedans et
« celle de la croupe au mur qui doivent être
« inséparables, soient excellentes pour don-
« ner à un cheval la souplesse, le beau pli
« et la belle posture dans laquelle un cheval
« doit aller, pour manier avec grâce et avec
« légéreté ; il ne faut pas pour cela aban-
« donner la leçon du trot sur la ligne droite
« et sur les cercles ; ce sont les premiers
« principes auxquels il faut toujours reve-
« nir, pour l'entretenir et le confirmer dans
« une action hardie et soutenue de l'épaule
« et des hanches. Par ce moyen, on divertit
« un cheval, et on le délasse de la sujétion
« dans laquelle on est obligé de le tenir lors-
« qu'il est dans l'attitude de l'épaule en de-
« dans et de la croupe au mur. Voici l'or-
« dre qu'il faut observer pour mettre à profit
« ces leçons.

« De trois petites reprises que l'on fera
« chaque jour, la première doit se faire au
« pas, l'épaule en dedans ; et après deux
« changemens de main, qui doivent se faire
« d'une piste (car il ne faut point encore aller
« de côté), on lui met la croupe au mur aux
« deux mains, et on le finit droit et d'une
« piste au pas sur la ligne du milieu du ma-
« nège. La deuxième reprise doit se faire au
« trot hardi, soutenu, et d'une piste ; et on
« finit dans la même action sur la ligne du
« milieu de la place, sans lui mettre la croupe
« au mur. La troisième et dernière reprise,

« il faut le remettre l'épaule en dedans au
« pas, ensuite la croupe au mur, et tou-
« jours le finir droit par le milieu. En ma-
« riant ainsi ensemble ces trois leçons d'é-
« paule en dedans, de trot et de croupe
« au mur, on verra venir de jour en jour,
« et augmenter la souplesse et l'obéissance
« d'un cheval, qui sont, comme nous l'avons
« dit, les deux premières qualités qu'il doit
« avoir pour être dressé. »

DE L'USAGE DES PILIERS.

ONZIÈME LEÇON.

*Du manier en place dérivant naturellement du pas
d'école.*

Nous n'osons, pour ainsi dire, pas entreprendre d'émettre notre opinion sur l'usage des
piliers; il y a tant d'habiles écuyers qui ont fait
l'éloge de cette leçon avec talent et précision,
que nous oserons à peine nous permettre
quelques réflexions sur le fort et le foible de
l'emploi de cette leçon; et pour aller de suite
au fait, nous dirons que nous accordons les
piliers pour les chevaux de parade, mais
nous les refusons absolument pour les chevaux destinés à être utiles.

Tous les écuyers savent sans doute que
l'invention des piliers appartient à M. de
Pluvinel; cette leçon avoit été imaginée par
ce savant écuyer, principalement pour faire
exécuter différens airs relevés au cheval;

mais M. de Pluvinel a trouvé un illustre an-
tagoniste dans M. le duc de Newcastle, lequel prétendoit, et avec raison, que les piliers mettoient un cheval sur les jarrets. En
effet, on aura beau nous faire observer que
le travail qu'on exige du cheval dans la leçon des piliers ne s'exécute principalement
que par le moyen des hanches; on ne nous
convaincra jamais que les jarrets ne soient
pas au moins pour moitié dans cette sujétion. Aussi M. Dupaty, tout en se montrant
partisan des piliers, a-t-il fort judicieusement observé que pour y mettre un cheval,
il falloit que ses jarrets fussent bien formés.
La remarque qu'a faite cet habile écuyer laisse
donc à penser, d'une part, que le travail des
jarrets est pour beaucoup dans cette leçon;
d'autre part, que chez beaucoup de chevaux,
elle peut causer la ruine de cette partie.

M. le duc de Newcastle n'a pas été le seul
qui ait parlé contre les piliers; M. le colo-
nel de Bohan s'est aussi montré en quelque
sorte contre cette leçon; il prétend qu'elle
ne peut être utile que pour les chevaux qui
ont des dispositions à s'appuyer sur la main
et qui sont froids des hanches.

Voici comment nous avons remplacé la
leçon des piliers; après que le cheval est
passablement confirmé au galop et à la croupe
au mur, on le remet au pas d'école. Cette
leçon a l'avantage de forcer le cheval à une
grande attention sans l'exposer à la crainte
et aux tourmens continuels d'une chambrière
souvent mal-adroitement employée. Aussitôt
qu'on s'apercevra que le cheval marchera d'un

pas bien écouté et bien cadencé, on le raccourcira et on finira, par le moyen d'un rassemblé
soutenu, et en le rappelant de temps en temps
de la langue, par le faire manier en place et
piaffer par la suite, avec autant de grâce et
de gentillesse que celui qui aura été dressé
dans les piliers.

Dans cette leçon il faut agir avec la plus
grande douceur, et pour peu que le cheval
obéisse, il faut l'arrêter, le caresser et le ren-
voyer. Le lendemain on recommencera la
leçon, toujours en lui faisant faire quelques
tours au pas d'école, et insensiblement, par
le moyen du rassemblé soutenu, on le fera
manier en place; si alors le cheval paroissoit vouloir diminuer son action et ralentir
ses mouvemens, il faudra le pincer légèrement avec les éperons, et si après ce léger
rappel à l'ordre, il montroit toujours de
la négligence, il faudra le pincer vigoureusement et en même temps lui rendre la
main et la reprendre sur-le-champ, en tenant
les jambes près, afin de le tenir sur ses gar-
des, et par ce moyen l'empêcher de se livrer
à quelques désordres malicieux.

Il arrive assez ordinairement dans les premiers momens qu'on veut faire manier le cheval en place, qu'il se jette soit à droite, soit à
gauche; dans ce cas il faudra lui rendre la
main, le porter quelques pas en avant et le reprendre insensiblement, jusqu'à ce qu'il ne re-
manie en place. En usant progressivement et
avec méthode, des moyens que nous venons
d'indiquer, on n'aura besoin des piliers que
pour les chevaux lourds et endormis.

Quant aux chevaux dressés dans les piliers, connus sous le nom de sauteurs, ils devroient être proscrits des manèges. Ces sortes de chevaux serviroient plutôt à infliger une peine criminelle, qu'à donner de l'aplomb à un écuyer; car un individu condamné à être rompu vif n'est pas plus exposé que celui qui monte un sauteur.

Lorsqu'un écuyer veut se perfectionner à obtenir de l'aplomb, c'est en montant de jeunes chevaux en liberté qu'il doit chercher à l'acquérir; c'est sur ces jeunes animaux bondissant de joie et de gaieté, que l'on acquiert les moyens de se maintenir dans les différens sauts et écarts qu'un cheval peut faire.

En général, nous avons remarqué qu'il falloit être homme de cheval parfait, pour donner la leçon des piliers; une grande circonspection, une grande patience et un grand usage à manier la chambrière, ne suffit même pas; mais il faut encore être doué de ce tact fin, qui ne s'acquiert que par une faveur particulière de la nature, qu'on nomme avec raison en équitation, *le don de Dieu*; et malgré toutes ces grandes qualités, les trois quarts des chevaux mis dans les piliers, au lieu d'acquérir de l'intelligence, une démarche noble et relevée, apprennent à trépigner au lieu de piaffer, à se cabrer au lieu de s'élever avec grâce, et à se défendre au lieu d'obéir.

Beaucoup d'habiles écuyers, quoique partisans des piliers, ont néanmoins reconnu que les résultats de cette leçon étoient toujours très bons ou très mauvais ; ainsi, de crainte de tomber en défaut, il vaudroit mieux, selon nous, la supprimer tout-à-fait.

Enfin, pour terminer nos leçons, nous recommanderons encore une fois d'exécuter souvent des changemens et contre-changemens de main, larges et étroits, ainsi que des doublers. Ces différentes évolutions rendent le cheval attentif et l'empêchent d'aller par routine.

Les leçons que nous avons données à l'élève dans la deuxième partie, ont eu pour but de lui enseigner l'art de dresser les chevaux, afin de le préparer à devenir parfait écuyer et homme de cheval. A cet effet, nous lui avions mis entre les mains un cheval neuf que nous supposions sans défaut. Mais l'élève n'en montera-t-il jamais d'autres ? C'est ce que l'on ne peut pas présumer ; car chaque cheval a ses inclinations particulières, et c'est à l'écuyer à chercher à en connoître la source.

En conséquence, nous allons faire connoître par la douzième et dernière leçon, les différens vices des chevaux et la cause de leur indocilité.

DOUZIÈME LEÇON.

Observations sur les différens vices des chevaux, et de la cause de leur indocilité.

Ce n'est que par une longue expérience qu'on parvient à acquérir les connoissances nécessaires pour pouvoir approfondir le caractère d'un cheval et développer la source de ses inclinations.

Quand ses forces sont proportionnées à sa structure, et que cet animal montre du courage, de la bonne volonté et de la docilité, il est bien facile à un écuyer d'en tirer bon parti dans un manège. Mais lorsque la nature n'a pas doué le cheval de la force ou de la conformation nécessaire au travail que l'écuyer voudroit en exiger, on est souvent exposé à employer des moyens tout opposés et qui produiroient plutôt de nouveaux défauts, au lieu de corriger ceux dont on croit quelquefois s'apercevoir. Ainsi, il ne faut donc pas seulement qu'un homme qui veut se mêler de dresser des chevaux, soit écuyer, mais qu'il soit ce qu'on appelle *homme de cheval*, afin d'être à même de découvrir d'où provient l'opiniâtreté qu'il rencontre dans l'animal, et d'y remédier par des moyens de correction convenables.

Deux causes produisent ordinairement la mauvaise volonté du cheval : ce sont, ou des défauts extérieurs, ou des défauts intérieurs. Nous mettons au nombre des défauts extérieurs, la foiblesse des reins, des hanches, des jarrets, des jambes et des pieds; et au nombre des défauts intérieurs, la timidité, la lâcheté, la paresse, l'impatience, la malice et la colère. De ces différens vices que nous venons de citer, il en résulte encore quatre autres encore bien plus graves et des plus dangereux, comme par exemple : d'être ombrageux, rétif, ramingue et vicieux.

Le cheval timide exige de grands ménagemens, parce qu'il est dans une crainte continuelle, et qu'il obéit toujours avec incerti-

tude; ainsi il faut agir à son égard avec beaucoup de douceur.

Le cheval lache et poltron est presque
toujours incapable d'une entreprise hardie, et
par conséquent peu propre à un service de
manège ou d'agrément, et encore moins à
celui de la guerre. Néanmoins, si l'on remarquoit que ce fût la poltronnerie simplement
qui le dominât, on pourroit parvenir, avec
de vigoureux coups de chambrière, à lui donner un peu plus de cœur et de courage.
Quant à la lâcheté, ce défaut avilit tellement
un cheval, que cet animal perd son nom et
se fait nommer *rosse ou carogne*.

Le cheval paresseux est ordinairement mé-
lancolique et d'une constitution molle, ou
dont la force n'est qu'engourdie. Il n'est pas
rare, en châtiant ces sortes de chevaux à
propos, d'en faire de très bons et très braves
chevaux.

Le cheval impatient exige de grands ménagemens, parce que c'est la trop grande
sensibilité qui occasionne ce défaut, et qui
rend le cheval ardent, fougueux et prêt à
tout entreprendre. Ces sortes de chevaux sont
difficiles à contenir dans des mouvemens ré-
guliers et paisibles; néanmoins on est parvenu, avec de la patience et de la douceur, à
les rendre confians et tranquilles.

Le cheval colère est dangereux, en ce qu'il
s'offense de la moindre correction, et qu'il
en conserve de la rancune; ces sortes de chevaux doivent être travaillés avec douceur et
précaution; cependant il ne faut pas que l'é-
cuyer fasse de concession, car dans ce cas, le

cheval chercheroit à prendre le dessus et finiroit par se révolter et par devenir rétif.

Le cheval malin est ordinairement doué
d'une grande intelligence, et il est même ru-
sé. Ces sortes de chevaux retiennent leurs
forces absolument par pure mauvaise volonté, et n'obéissent que malgré eux. Nous
avons monté un cheval qui parfois faisoit
semblant d'obéir, tout comme si nous étions
parvenu à le vaincre; cette obéissance feinte
et judicieusement combinée par l'animal, lui
a servi à échapper aux châtimens qu'il s'at-
tendoit à recevoir, et aussitôt qu'il a eu repris
force et haleine, il s'est révolté et défendu à
un tel point que nous avons failli à en être la
victime. De vigoureuses corrections données
à propos; le trot sur le cercle avec des changemens et contre-changemens de main souvent répétés, leur font prêter de l'attention et
les empêchent de combiner leur malice.

Le cheval ombrageux est dangereux en
ce qu'il fait des pirouettes et des sauts de côté
à l'improviste, capables de désarçonner le
cavalier le plus solide. Ces sortes de chevaux
doivent être traités avec douceur, et c'est en
les flattant et les caressant qu'il faut tâcher
de les faire approcher de l'objet qui leur porte
ombrage, et non en les rudoyant et en les
frappant; car si on les frappe, ils se persua-
deront (avec raison) que le châtiment qu'ils
ont essuyé a été produit par la rencontre de
l'objet qui leur a fait peur, et lors d'une seconde rencontre ils s'emporteront encore
davantage.

On a généralement remarqué que les chevaux qui ont été trop battus, sont pour la plupart ombrageux. Il arrive aussi quelquefois que ce défaut est causé par l'effet d'une mauvaise vue; dans ce dernier cas on parvient difficilement à y remédier.

Le cheval rétif est celui qui n'obéit à aucune aide, et qui ne veut ni avancer, ni reculer, ni tourner. Deux causes contribuent assez souvent à ce défaut; la première, c'est lorsque le cheval a été trop brutalisé ou trop battu; la deuxième, c'est lorsqu'il a été monté par un cavalier qui lui a fait trop de concession, et qui lui a laissé apercevoir qu'il le redoutoit; c'est ce qui fait voir encore davantage qu'avec de la douceur et de la patience, il faut également de la fermeté.

Le cheval ramingue est très dangereux, en ce qu'il se défend contre les éperons, soit en ruant, soit en se cabrant ou en reculant. Le meilleur moyen à employer contre ces sortes de chevaux *rosses*, c'est de les expulser du manège et de s'en défaire.

Le cheval vicieux est selon nous le plus dangereux de tous; parce qu'il mord, qu'il rue et hait l'homme. Ce défaut est assez souvent le résultat de mauvais traitemens exercés mal à propos sur lui par des cavaliers brutaux ou ignorans; et combien ne voit-on pas de chevaux vicieux par la faute de certains prétendus écuyers, plutôt que par l'effet de la nature.

Tous les défauts que nous venons d'indiquer, proviennent le plus souvent de leçons données avec trop de violence, parce qu'on aura exigé du cheval des exercices au-dessus de ses forces ; alors il cherche à se défendre et prend une grande aversion pour le travail du manège ; et à force de le gourmander, il finit par être ruiné, et le cavalier ignorant qui l'aura monté, s'imaginera l'avoir dompté et dressé.

Les chevaux montés trop jeunes, et dont les forces ne sont pas encore bien développées, sont également sujets à prendre ces défauts. Ainsi il faut donc bien se garder de monter un cheval au manège avant l'âge de cinq à six ans au moins.

DICTIONNAIRE

Des termes dont on se sert dans un manège.

ABANDONNER, se dit lorsqu'on fait courir un cheval de toute sa vîtesse, sans lui retenir la bride. *Abandonner le cheval.* On se sert aussi de ce mot pour faire remarquer au cavalier qu'il laisse trop de liberté à son cheval. *Abandonner son cheval.*

ACCOUTUMER ; on dit accoutumer un cheval à tel exercice ou à tel bruit.

ACCULER (s') ; on dit qu'un cheval s'accule, lorsqu'en marchant de côté il recule, et que les hanches marchent avant les épaules. Anciennement on disoit *s'entabler.*

ACHEMINER. On appelle cheval acheminé, celui qui montre de bonnes dispositions au manège, qui connoît la bride, répond aux aides et qui a déjà été façonné et assoupli au trot.

AIDES. On entend par aides, les moyens dont se sert l'écuyer pour secourir son cheval par les différens mouvemens de sa main et de ses jambes. On dit qu'un écuyer a *les aides fines,* quand ses mouvemens sont imperceptibles, et lorsqu'il aide son cheval avec grâce et aisance. On dit aussi qu'un cheval a les *aides fines,* lorsqu'il obéit aisément et promptement aux mouvemens de la main et des jambes du cavalier.

Air. Ce mot signifie la belle attitude que tient un cheval dans les différens exercices qu'il fait.

Allures. Le cheval a trois allures qui lui sont naturelles ; le pas, le trot et le galop.

Appui. On entend par appui, le sentiment que produit la bride dans la main du cavalier, et réciproquement l'action que la main de celui-ci produit sur les barres du cheval, par le moyen du mors.

Appuyer. On dit appuyer des deux, lorsqu'on applique vigoureusement les deux éperons contre le ventre du cheval ; c'est ce qu'on appelle vulgairement *piquer des deux.*

Armer. On dit qu'un cheval s'arme lorsqu'il se défend contre l'action du mors en courbant son encolure et en cherchant à appuyer les branches de la bride contre son poitrail.

Arrêt. C'est une halte subite qu'on fait faire à un cheval qui chemine. *Marquer un demi-arrêt,* c'est ramener la main de la bride près de soi pour retenir et soutenir le devant du cheval ou pour le ramener et le rassembler.

Arrière-main. On se sert de ce mot pour désigner toute la partie de derrière du cheval.

Asseoir. On dit asseoir un cheval sur ses hanches ; on y parvient par le moyen du galop, des demi-arrêts et des arrêts.

Assiette, se dit lorsqu'un cavalier est bien ou mal placé en selle. On dit, *avoir une bonne assiette, perdre l'assiette.*

Assouplir, c'est rendre un cheval souple

par le moyen du trot, du galop, et de l'épaule en dedans.

ATTAQUER. On attaque un cheval avec les éperons et la chambrière.

AVANT-MAIN. On se sert de ce mot pour désigner toute la partie du devant du cheval.

AVERTIR. On avertit un cheval avec les aides lorsqu'il s'abandonne trop négligemment.

BALANCER, se dit lorsqu'un cheval dandine sa croupe à droite et à gauche.

BATTRE A LA MAIN. Voyez main.

BIEN MIS, se dit d'un cheval bien dressé.

BRAILLEUR, se dit d'un cheval qui hennit souvent.

BRINGUE, se dit d'un petit cheval maigre et d'une laide figure.

BRISE-COU OU CASSE-COU, se dit de ces sortes de cavaliers qui se livrent imprudemment aux caprices des chevaux, et qui, après les avoir ruinés, s'imaginent les avoir domptés.

BRONCHADE. Faux pas que fait un cheval.

BRONCHER. On dit qu'un cheval bronche, lorsqu'il pose le pied à faux, ce qui l'expose souvent à tomber.

BROUILLER. On dit qu'un cavalier brouille son cheval, lorsqu'il ne fait pas coïncider les aides des jambes avec celles de la main.

CABRER. On dit qu'un cheval se cabre, lorsqu'il se dresse sur les pieds de derrière.

CADENCE. On entend par cadence, une mesure proportionnée et égale, que le cheval garde dans tous ses mouvemens. On dit qu'un cheval suit bien sa cadence, qu'il ne change point sa cadence.

CAVEÇON, espèce de muserole avec une

têtière; on la place sur le nez du cheval pour le serrer et le contraindre. Cette muserole doit être en fer et plate, afin de porter également par-tout sur le nez. On se sert du caveçon pour commencer à dresser les jeunes chevaux et pour les faire trotter à la longe.

CHANGER DE MAIN, c'est quitter la piste où on est, en traversant le manège, pour en reprendre une autre; de manière qu'en travaillant sur la piste à droite, le côté droit du cheval se trouve en dedans. En changeant de main, on prend la piste à gauche, et alors ce sera le côté gauche qui se trouvera en dedans.

CHAUSSER. On dit *chausser les étriers*, ce qui signifie mettre les pieds dedans.

CHEVALER. On se sert de ce terme lorsqu'un cheval marche de côté, pour exprimer qu'il passe ses jambes de dehors par-dessus celles de dedans.

CONFIRMER, signifie *achever*. On dit confirmer un cheval dans tel air de manège ou dans telle allure.

CÔTÉ. *Porter un cheval de côté*, c'est le faire marcher sur les deux pistes, dont l'une est marquée par les épaules et l'autre par les hanches.

COUREUR, se dit d'un cheval qui est propre à de grandes courses et très vîte.

COURTAUD, se dit d'un cheval de taille ordinaire et auquel on a coupé la queue et les oreilles.

DÉBOURRER, *signifie un commencement d'assouplissement*. On dit qu'un jeune che-

Val *est débourré*, lorsqu'il a déjà été un peu assoupli au trot.

DEDANS, DEHORS. On se sert souvent de ces deux mots au manège, au lieu de *droite* et de *gauche*. Par exemple, lorsque l'écuyer travaille un cheval, soit sur le carré, soit sur le cercle à main droite, c'est-à-dire, allant à droite, toute la partie droite du cheval se nomme *le dedans*; alors, pour dire la *rêne droite*, la *jambe droite*, on dit : la *rêne de dedans*, la *jambe de dedans*; et vice versa.

DÉFENDRE (se). On dit qu'un cheval se défend, lorsque pour résister à la volonté de son cavalier, il saute et recule.

DÉROBER (se), se dit lorsqu'un cheval en galopant, augmente tout-à-coup et à l'improviste, d'une grande vîtesse, les temps de galop, pour se défaire de son cavalier; dans ce cas on dit : *Le cheval cherche à se dérober sous l'homme*.

DÉSARÇONNER; on dit qu'un cavalier est désarçonné, lorsque le cheval, par quelques sauts violens, l'a fait sortir de la selle.

DOUBLER. On double large et on double étroit. On entend par doubler large, tourner un cheval par le milieu du manège, sans changer de main, et par doubler étroit, tourner le cheval dans un carré étroit, dans l'un des coins du manège.

ESCAPADE est un trait de fougue et d'emportement du cheval.

ESTRAPADE, est un saut que le cheval fait pour se défendre contre son cavalier en levant le devant et en détachant une ruade avec violence; dans ce saut il jette la croupe plus haut qu'il n'a la tête. Ce saut est plus dangereux que le saut de mouton, quoiqu'il n'en diffère que par la ruade, qui, dans le saut de mouton, n'a pas lieu.

ESTRAPASSER. Au manège on dit qu'*un cheval a été estrapassé*, lorsqu'il a été fatigué par des exercices trop violens; et lorsqu'il a été trop fatigué en voyage, on dit qu'*il a été surmené.*

ÊTRE DANS LA MAIN ET DANS LES TALONS, se dit d'un cheval qui est bien mis, qui obéit bien à la main et fuit les éperons avec docilité et aisance, en avant, en arrière et de côté, sans déplacer sa tête ni se traverser.

FAIRE LES FORCES. On dit qu'un cheval fait les forces, lorsqu'il ouvre la bouche et qu'il remue la mâchoire inférieure de droite à gauche et de gauche à droite.

FALQUER. On dit qu'un cheval falque, lorsqu'il coule ses hanches basses et trides à l'arrêt du galop.

FERMER. On se sert de ce terme pour exprimer la fin d'un changement de main, et l'instant où l'on veut reprendre à l'autre main. *Fermer un changement de main.*

FORGER. On dit qu'un cheval forge, lorsqu'en trottant il attrape la pince de devant avec celle de derrière. Cela annonce, ou fatigue, ou foiblesse, ou une mauvaise ferrure.

GOUTER. Lorsqu'un cheval commence à s'habituer aux effets du mors, on dit qu'*il commence à goûter le mors.*

Harper. On dit qu'un cheval harpe, lorsqu'il se manifeste un mouvement précipité dans la hanche, au lieu du pli qui devroit se faire dans le jarret. Ce défaut est occasionné par les éparvins secs.

Main ; *battre à la main*. On dit qu'un cheval bat à la main, lorsqu'il secoue la tête du haut en bas pour éviter la sujétion du mors. Les chevaux qui ont la tête mal attachée et les barres trop tranchantes, sont sujets à ce défaut. *S'attacher à la main*, se dit lorsque le cavalier a la main rude et qu'il tient la bride trop ferme. Ceci est le plus grand défaut qu'un cavalier puisse avoir ; car la dureté de la main perd la bouche du cheval. *Rendre la main*, c'est baisser la main de la bride pour adoucir l'action que produit le mors sur les barres. *Tirer à la main* ; on dit qu'un cheval tire à la main, lorsque par ignorance ou désobéissance il se roidit contre la main du cavalier, en tirant et en levant le nez. *Peser à la main* ; on dit qu'un cheval pèse à la main, lorsqu'il s'appuie sur le mors et qu'il se sert de sa tête comme d'une cinquième jambe.

Manège. Ce mot signifie le lieu où l'on exerce les chevaux ; il signifie aussi l'air auquel un cheval est plus particulièrement dressé, ce qui fait qu'on dit : ce cheval est très bien dressé à tel manège.

Montoir, signifie le côté gauche du cheval, et *hors du montoir*, le côté droit. On désigne souvent les pieds des chevaux par pieds du montoir, et pieds hors du montoir ; on dit aussi, rendre un cheval facile au montoir, c'est-à-dire, faire en sorte qu'il se laisse facilement monter.

PARADE ou PARER, signifient arrêter le cheval méthodiquement à la fin de chaque reprise.

PIAFFER, se dit lorsqu'un cheval manie en place en levant les jambes avec grâce, comme s'il marchoit, sans avancer ni reculer, ni se traverser, et en se contenant bien docilement dans la main et dans les jambes de son cavalier.

PISTE. Ce mot signifie le chemin que parcourt un cheval. On dit qu'un cheval marche d'une piste ou de deux pistes. Il va d'une piste quand ses pieds de derrière suivent sur la même ligne ceux de devant ; il va de deux pistes quand il marche de côté.

PORTER, en terme de manège, se dit pour faire marcher un cheval. *Porter un cheval en avant, de côté, etc.*

RACCOURCIR, signifie ralentir un cheval dans son allure.

RAMENER, c'est faire baisser la tête et le nez à un cheval qui tire à la main et qui porte le nez au vent.

RASSEMBLER, se dit lorsqu'on veut raccourcir un cheval dans son allure ou dans son air, pour le mettre sur les hanches, ce qui se fait en retenant doucement le devant avec la main de la bride et chassant les hanches sous lui avec le gras des jambes, pour le préparer à le mettre dans la main et dans les talons.

RENFERMER, c'est mettre un cheval dans la main et dans les talons.

REPRISE, signifie une leçon réitérée que

l'on donne à un cheval après lui avoir laissé prendre haleine.

Saccade, est une secousse violente que donne le cavalier à son cheval, en tirant tout-à-coup les rênes de la bride à lui.

Travailler de la main a la main, se dit lorsqu'on tourne le cheval d'une piste avec la main seule et sans l'aider beaucoup des jambes.

Traverser (se), se dit d'un cheval qui dérange sa croupe de la piste.

Trépigner. On dit qu'un cheval trépigne, lorsque par impatience ou par trop d'ardeur il bat la terre tout comme s'il vouloit marcher.

Tride. M. de la Broue est l'auteur de ce mot ; il s'en est servi pour exprimer les mouvemens prompts, courts et unis que font les chevaux avec les hanches, en les rabattant vivement sous eux. Lorsqu'un cheval galope court, et vîte de hanches, on dit qu'*il a la course tride.*

TRAITÉ ÉLÉMENTAIRE

SUR

L'ART DE L'ÉQUITATION.

TROISIÈME PARTIE.

Des maladies auxquelles le cheval est sujet, de leurs symptômes, des causes et des suites.

S**I** le cheval est de tous les animaux domestiques, le plus susceptible de rendre à l'homme les services les plus signalés, soit à raison de son instinct et de son intelligence, soit à raison de sa docilité et de sa bonne volonté ; il faut précisément par cela même ne pas abuser des forces et de la bonne volonté de cet utile animal.

On ne voit que trop souvent des cavaliers qui exigent de leurs chevaux des courses rapides et outrées, et qui en rentrant au gîte, les abandonnent, sans autres précautions, à leurs palfreniers. S'ils sont en voyage, en arrivant dans une hôtellerie, ils les abandonnent à des gens brutaux, placés dans ces sortes de lieux sous la domination d'une routine malheureusement encore suivie avec trop de constance.

Le cheval n'a-t-il donc pas des organes et des sentimens comme les hommes ? n'est-il donc pas sensible ? ne le voit-on pas au contraire témoigner sa reconnoissance des soins et de l'amitié que lui prodigue son maître, soit par des hennissemens, soit par un air de satisfaction, lorsque celui-ci l'approche ? et ne prouve-t-il pas qu'il sait aussi conserver le souvenir des mauvais traitemens et de la rigueur qu'on lui a fait éprouver mal-à-propos ?

M. Parmentier, membre de la section d'Agriculture de l'Institut de France, a dit, en parlant des animaux domestiques : « Avouons-le ; à peine jouissent-ils dans « certains cantons des bienfaits de l'hospi- « talité ! Une mauvaise cabane, une misé- « rable étable, une écurie basse, étroite « et obscure, où ils sont ridiculement en- « tassés ; voilà les demeures ou plutôt les « prisons que nous leur réservons en échange « des services qu'ils nous rendent journel- « lement.

« En les expatriant, nous les avons éloi- « gnés de la nature, nous les avons assujettis « par conséquent aux accidens et aux ma- « ladies étrangères à la condition sauvage. « Il est donc de notre devoir de les faire par- « ticiper aux avantages que nous a procurés « l'organisation sociale.

« Combien n'est-il pas agréable pour leur « conducteur, de trouver, au retour des « champs, un lit commode pour dormir à

« l'aise durant la nuit ! Qu'ils se persuadent
« donc que les animaux domestiques, asso-
« ciés à leurs travaux, sont aussi de la fa-
« mille ; que, comme eux, harassés de fati-
« gue, ils n'ont pas moins de besoin de goû-
« ter le repos dont ils sentent également les
« douceurs. Quoi ! nous leur demandons le
« courage, la patience, une sorte d'attache-
« ment à leurs maîtres ; nous leur suppo-
« sons de l'instinct et même de l'intelligence,
« et nous nous refusons de croire qu'ils sont
« doués d'une sensibilité qui s'irrite contre
« la rigueur , et qui sait apprécier les bon-
« tés. Ah ! s'ils n'étoient pas susceptibles de
« reconnoissance , nous pourrions nous en
« prendre à nous-mêmes qui leur donnons
« tous les jours des preuves de notre ingra-
« titude. »

O vous cavaliers insensibles ! relisez encore une fois le passage que nous venons de
citer de M. Parmentier, et vous conviendrez
que vous ne méritez que trop souvent les re-
proches de ce célèbre naturaliste.

Pour faciliter l'étude de la connoissance
des maladies du cheval, nous les diviserons
en maladies de l'avant-main, du corps et de
l'arrière-main.

CHAPITRE Ier

Des maladies de l'avant-main.

ART. 1.er

Du mal de tête ordinaire.

Cᴇ mal n'est pas une maladie par lui-même, mais bien le symptôme ou l'avant-coureur de quelqu'autre maladie. Si donc on remarque que le cheval ait la tête lourde et pesante, ce qui est le signe ordinaire de ce mal, il ne faut pas le perdre de vue pour s'assurer de la véritable maladie dont il paroît menacé, afin d'être à même d'appeler promptement un vétérinaire.

ART. 2.

Du mal de feu ou d'Espagne.

Quelques auteurs prétendent que ce mal est le même que celui qu'on appelle chez l'homme, *la fièvre maligne*. Mais M. Rozier a démontré par des raisons qui sont fondées sur l'expérience, que ce mal n'est que le symptôme d'une maladie essentielle, telle que *la pulmonie*, *la pleurésie*, etc.

Il y a des maréchaux qui prennent pour signe caractéristique de ce mal, la chute des crins; ils sont dans l'erreur; car les crins tombent presque toujours dans les maladies inflammatoires.

Le cheval qui est saisi par ce mal, est triste, tient la tête basse et éloignée de la mangeoire ; il a de la fièvre avec un battement de flancs assez considérable ; il ne se couche que rarement. Dans cette maladie, la présence d'un vétérinaire est nécessaire.

Art. 3.

Du mal de tête de contagion.

Cette maladie n'est autre chose qu'un charbon ; elle est épidémique et très contagieuse. Lorsqu'elle commence, la tête du cheval devient très grosse, les yeux sont enflammés, larmoyans et saillans ; elle est accompagnée d'une fièvre très aiguë ; il sort par les naseaux une matière jaune et corrompue ; c'est par ce dernier signe qu'on distingue cette maladie d'avec l'esquinancie, dans laquelle les matières sont verdâtres.

Cette maladie est très dangereuse ; mais elle est bientôt terminée en bien ou en mal. L'écoulement des matières provenant du dépôt aux glandes de la ganache, donne ordinairement l'espoir de la guérison.

Aussitôt qu'un cheval est atteint de cette maladie, il faut l'isoler de manière à ce qu'il ne puisse pas se trouver en contact avec d'autres chevaux qui en seroient bientôt infectés, et qui dès-lors pourroient communiquer la contagion dans tout un département.

Le propriétaire du cheval doit en faire la déclaration à l'autorité du lieu, afin qu'elle puisse prendre les mesures administratives nécessaires pour empêcher la propagation de l'épidémie.

Ce mal exige des secours prompts et qui soient administrés par un vétérinaire expérimenté.

Il est prudent, quand bien même on auroit obtenu la guérison du cheval, de faire blanchir à la chaux vive le râtelier et la mangeoire, ainsi que les murs de l'écurie dans laquelle on aura tenu le cheval malade ; il convient aussi d'y faire des fumigations et de brûler le fumier. Les brides et harnois en général, dont on se servoit pour le cheval malade, doivent être lavés et passés également à une fumigation.

Art. 4.

Du mal de taupe.

Ce mal est une tumeur située près le sommet de la tête ; il siège quelquefois sous la peau, et d'autres fois sous les muscles.

Le cheval n'est malheureusement que trop souvent exposé à être atteint de ce mal, parce qu'il est journellement livré à des gens brutaux qui ne craignent pas de le maltraiter en lui donnant des coups sur la tête, ce qui peut produire des contusions capables de former le germe de la taupe. Le cheval qui tire fortement sur sa longe, peut s'occasionner une compression par le licol ; des démangeaisons causées par la mal-propreté, comme, par exemple, la crasse qu'un palfrenier négligent aura laissée sous le licol : toutes ces indications

sont autant de principes qui donnent lieu
au mal de la taupe.

M. Desplass nous dit, à l'égard de cette
maladie : « Lorsqu'elle a son siège simple-
« ment sous la peau, qu'elle est récente
« et qu'il n'y a que peu de douleur, on peut
« essayer d'en tenter la résolution en faisant
« des frictions d'eau-de-vie et de savon, ou
« en appliquant un cataplasme résolutif, tel
« que celui fait avec la mie de pain et
« l'eau végéto-minérale, ou toute autre de
« la même nature. Si l'abcès est formé et
« qu'il y ait du pus, ce que l'on reconnoît
« aisément par le tact, il faut se hâter de
« l'ouvrir, etc. »

Il est aisé de concevoir de quelle impor-
tance devient la présence d'un vétérinaire,
dans le cas où il y auroit un abcès de formé ; un jour de retard exposeroit l'os à une
carie certaine ; ce qui donneroit lieu à des
opérations très délicates, qui, quoique faites
avec beaucoup d'adresse, ne laisseroient pas
de faire craindre pour la vie du cheval.

ART. 5.

Des maux d'yeux.

Les yeux sont sujets à tant de maladies
diverses et si difficiles à distinguer, qu'il faut
être vétérinaire très instruit pour bien les
connoître et pour faire l'application du traitement qui convient à chacune. Ainsi donc,
toutes les fois qu'on apercevra une altération quelconque dans l'œil, il faudra de suite
appeler un homme de l'art ; car il est des cas

où la moindre négligence pourroit causer la perte de la vue. Si cependant l'on remarque que le larmoiement des yeux ne provient que d'un simple échauffement, ou d'un coup léger que le cheval aura reçu sur cette partie, il suffira, dans le premier cas, de lui bassiner les yeux deux fois par jour avec de l'eau fraîche et bien propre ; dans le second, de faire la même opération avec de l'eau de mauve pendant plusieurs jours ; ensuite on frottera l'œil malade avec un peu d'eau-de-vie bien vieille, mêlée avec les trois quarts d'eau.

Art. 6.

Des avives.

Les avives sont des glandes situées entre la tête et le col, au-dessous des oreilles.

Il ne faut pas confondre ce mal avec une espèce de tranchée, appelée vulgairement par les maréchaux de la campagne, *avives* ; la différence en est bien grande. D'abord, ce qu'on appelle proprement le mal des avives, c'est le gonflement et l'inflammation de ces mêmes glandes. Une boisson froide, donnée pendant que le cheval est en sueur, en est souvent la cause ; ce mal survient aussi quelquefois pendant la gourme, ou à la suite d'un coup, d'une blessure, etc. Aussitôt que le cheval en est atteint, il perd subitement l'appétit, se tourmente, se couche, se roule et se débat fortement ; il se lève, tombe, et si on ne lui porte promptement des secours, il meurt.

Si ce mal est accompagné de gourme, la suppuration des glandes devient utile ; s'il provient d'une boisson donnée trop froide, la saignée est conseillée par M. Rozier ; et s'il provient d'une blessure, etc., on conseille les cataplasmes émolliens et maturatifs.

Quant à l'espèce de tranchée appelée par quelques maréchaux, *avives*, nous conseillons de ne pas permettre de battre et de percer les glandes ; on se conformera simplement aux traitemens qui conviennent aux tranchées.

La présence d'un vétérinaire est indispensable.

ART. 7.

De l'esquinancie ou étranguillon.

Cette maladie est une inflammation d'une partie ou de la totalité de celles qui forment ou environnent la gorge ; elle cause souvent la mort du cheval au bout de quelques heures. Elle siège intérieurement ou extérieurement ; elle s'annonce d'abord par la difficulté d'avaler, ensuite par celle de respirer.

Les causes de cette maladie varient tellement, qu'il est souvent très difficile de les reconnoître. Toutes celles qui donnent lieu à de l'inflammation peuvent faire naître l'esquinancie ; comme, par exemple, un refroidissement, un travail outré, etc. Elle est ordinairement accompagnée d'une fièvre aiguë ; le cheval a la bouche brûlante, le col roide, et il s'agite beaucoup.

Cette maladie est très dangereuse, car elle se termine souvent en très peu de temps par la gangrène. Sa marche rapide et progressive exige des moyens curatifs d'une action forte et prompte. Si les symptômes sont graves, des saignées abondantes pour diminuer les forces du cheval font un grand bien ; mais aussitôt que les signes deviennent moins inquiétans, les saignées doivent être diminuées et même suspendues ; alors le vétérinaire ne doit s'occuper qu'à administrer les purgatifs et les lavemens qui conviennent en pareil cas.

Pour réparer petit à petit les forces épuisées par les saignées, il accompagnera ce traitement d'une nourriture légère, mais substantielle, de manière à ne pas surcharger l'estomac et à ne pas rendre la digestion laborieuse.

Les injections faites dans la gorge avec de l'eau d'orge miellée et acidulée, font un grand bien ; des cataplasmes émolliens et résolutifs, appliqués sous la gorge, produisent aussi de très bons effets.

Il est des cas où, malgré tous les remèdes, la maladie continue à faire des progrès ; alors il ne reste plus de ressource que dans la *bronchotomie*. Cette opération, aussi délicate que difficile à exécuter, ne doit être confiée qu'à un vétérinaire instruit et expérimenté. Elle consiste à faire une ouverture à la trachée-artère pour donner à l'air la facilité d'entrer dans les poumons et d'en sortir ; nous conseillons de n'en permettre l'usage qu'à la dernière extrémité.

ART. 8.

De la gourme.

Les jeunes chevaux, depuis l'âge de deux à cinq ans, sont ordinairement les seuls exposés à cette maladie. Il paroît, d'après les remarques que de savans vétérinaires ont faites, qu'elle a beaucoup d'affinité avec la protusion des dents et la consolidation des chairs. En général, la médecine vétérinaire ne connoît point encore d'une manière certaine les causes qui peuvent donner lieu à la gourme.

Cette maladie se manifeste quelquefois par un simple écoulement d'humeurs par les naseaux, sans être accompagnée d'autres accidens ; d'autres fois, elle est accompagnée de fièvre, de dégoût, de battemens de flancs, de tristesse, d'une difficulté de respirer et d'une toux pénible. Dans le premier cas, elle est facile à guérir ; aussitôt qu'on s'en aperçoit, il faut mettre le cheval à l'eau blanche ordinaire, lui donner de la paille pour toute nourriture, lui frotter le dessous de la ganache à l'endroit des glandes lymphatiques, avec un peu d'onguent d'althéa, et envelopper cette partie avec une peau d'agneau, la laine en dedans. Si en touchant la glande engagée, on s'apercevoit qu'il y eût une pelotte dure qui fît éprouver une vive douleur au cheval, il ne faudroit pas hésiter à favoriser la formation du pus ; pour y parvenir, il faut appliquer un cataplasme composé de trois ou quatre oignons blancs et de trois ou quatre poignées de feuilles d'oseille, faire cuire le tout et ensuite l'incorporer dans du sain-doux.

Dans le second cas, la maladie est plus dangereuse et exige de suite la présence d'un vétérinaire, d'autant plus que la saignée, les injections de décoctions de plantes émollientes, et des sétons, etc., deviennent nécessaires et sont même indispensables.

Quelquefois la gourme devient si rebelle, qu'il faut faire l'opération de l'*hyovertébrotomie*, qui consiste à faire l'ouverture des poches gutturales dans lesquelles siège souvent, par suite de cette maladie, une matière purulente qui les fait gonfler de manière à comprimer la trachée-artère, ce qui est capable de faire périr le cheval. Dans tous les cas, on ne doit confier cette opération, qui exige souvent d'être précédée par une autre très délicate (la trachéotomie), qu'à un vétérinaire exercé et expérimenté.

Les poulains âgés de moins de deux ans sont exposés à des gourmes imparfaites, qu'on appelle *fausses gourmes*. Ces sortes de gourmes deviennent souvent la cause d'accidens très graves, parce qu'elles se raniment à différentes fois jusqu'à un âge très avancé ; les eaux aux jambes, les crevasses et la fluxion périodique en sont souvent le résultat. Comme il est important d'obtenir une guérison parfaite dès la première apparition de cette maladie, il n'en faut confier le traitement qu'à un vétérinaire.

Quoique les gourmes ne soient pas une maladie contagieuse, il a été cependant généralement reconnu qu'elles peuvent se communiquer. En conséquence, voyez ce que nous avons dit, quant à la désinfection, à l'article *du mal de tête-contagion ;* le propriétaire, dans ce cas-ci, n'est pas tenu de faire sa déclaration aux autorités.

Art. 9.

De la morfondure.

On appelle morfondure dans les chevaux, ce qu'on nomme *rhume* chez les hommes ; cette maladie provient ordinairement d'une suppression de transpiration, ou d'une gourme mal soignée. Le cheval qui est exposé à un air froid et humide pendant qu'il se trouve en sueur, ou qui, dans ce même état, boit de l'eau trop froide, etc., risque de prendre la morfondure.

Les signes de cette maladie sont : une toux, un écoulement de matières blanches ouvertes ; cet écoulement est assez abondant dans les commencemens, il est épais et en petite quantité par la suite. Les glandes de la ganache sont engorgées comme dans la gourme, le cheval est triste et perd l'appétit.

Une morfondure négligée dégénère quelquefois en morve ; il est donc prudent de faire appeler un vétérinaire aussitôt que les symptômes de cette maladie se manifestent ; en attendant sa présence, il faut faire respirer au cheval des fumigations émollientes pour diminuer l'engorgement des glandes et détacher la matière ; l'orge bouillie dans de l'eau est une fumigation bien simple, et que nous avons vue produire de très bons effets.

L'écurie dans laquelle on tiendra le cheval, devra être chaude et surtout bien propre; il convient aussi de couvrir le cheval avec une couverture en laine.

Quelques maréchaux de la campagne se sont imaginé de faire suer les chevaux attaqués de la morfondure; ils sont dans une grande erreur, et il faut bien se garder de permettre l'usage d'un pareil procédé, qui ne serviroit qu'à aggraver la maladie en provoquant des inflammations de poitrine capables de faire périr le cheval.

ART. 10.

De la morve.

Cette maladie a été jusqu'à ce jour regardée comme incurable. Nous avons cru devoir la mettre à la suite de la gourme et de la morfondure, qui, lorsqu'elles sont négligées ou mal traitées, dégénèrent souvent, comme nous l'avons déjà dit, en *morve.*

La morve est très périlleuse pour le cheval, et dès qu'on a quelques soupçons à cet égard, il faut appeler un homme de l'art pour qu'il s'assure de l'existence de cette maladie. Le signe auquel on la reconnoît ordinairement, est un écoulement muqueux, qui se fait communément par un des naseaux seulement, d'une humeur tantôt blanche, tantôt rousse, jaune ou verdâtre. L'engorgement des glandes sous la ganache, qui deviennent douloureuses et adhérentes à l'os, est aussi un signe presque certain de la morve; et lorsque la membrane pituitaire est chancrée, et que les chancres existent aussi dans le fond des naseaux, ce qui est facile à voir, alors nul doute sur l'existence de cette horrible maladie.

Beaucoup d'auteurs prétendent que cette maladie est irrévocablement contagieuse; d'autres, et ce sont les plus modernes, prétendent que non; il est de fait qu'il existe des preuves pour et contre.

En 1816, deux poulains âgés de 4 ans ont été attaqués de cette cruelle maladie par suite d'une morfondure négligée; ces poulains appartenoient à M. Delanne, cultivateur à Binges (Côte-d'Or). Dans l'écurie où gîtoient les deux sujets morveux, il y avoit encore trois chevaux et trois poulains dont deux âgés de deux ans et l'autre d'un an; bientôt les symptômes de la morve ont paru sur tous les chevaux et poulains; alors M. Hugon, vétérinaire distingué, a été appelé, et après avoir fait abattre les sujets incurables, il a entrepris la guérison des deux poulains de deux ans et de celui d'un an, guérison qu'il a obtenue radicalement au bout de six semaines; et, chose remarquable, c'est que le poulain d'un an s'étoit trouvé pendant quinze jours placé à côté des deux premiers sujets morveux.

A la première visite de M. Hugon, les trois poulains dont il a obtenu la guérison, avoient déjà les glandes adhérentes et engorgées, et des petits chancres dans les naseaux; mais la membrane pituitaire étoit intacte. Les dépuratifs internes et quatre sétons placés de chaque côté de l'encolure, formoient le seul traitement qu'a employé M. Hugon, et dont le succès lui a mérité les plus grands éloges ; nous aimons ici à lui rendre l'hommage qui lui est dû à bien juste titre.

D'après tous les dangers qu'un cheval encourt avec la morve, que tous les cavaliers se fassent donc un scrupuleux devoir de faire bien nettoyer la mangeoire et le râtelier dans les écuries d'auberge où ils seront obligés de faire manger leurs chevaux, comme aussi, de faire bien rincer l'auge dans laquelle ils les feront boire. Ils doivent surtout éviter que leurs chevaux ne se trouvent en contact avec d'autres qu'on soupçonneroit être attaqués de la morve ; car il est prouvé qu'un cheval, en très bonne santé, qui respire l'air d'une écurie où se trouve un cheval morveux, est bientôt atteint de cette maladie.

Toutes les fois qu'un cheval est atteint de la morve, le propriétaire est tenu d'en faire sur-le-champ la déclaration au maire de la commune dans laquelle il se trouve. (Art. 459 , 460 et 461 du Code pénal.)

Quant à la désinfection de l'écurie, voyez ce que nous avons dit à l'art. *Du mal de tête-contagion.*

La morve est un vice redhibitoire. (Art. 1641 , 1643 et 1648 du Code civil.)

ART. 11.

Du lampas ou fève.

Le lampas n'est qu'un mal accidentel auquel les jeunes chevaux sont beaucoup plus exposés que les vieux. C'est un accroissement considérable du tissu dont sont formées les gencives dans la mâchoire antérieure. M. Rozier conseille de laver cette partie avec du vinaigre dans lequel on aura mis de l'ail pilé et du sel, ou bien avec de l'oxymel simple. Assurément ce moyen est fort bon, mais il faut l'employer dès que le mal commence ; car si l'accroissement de la féve avoit déjà pris de la consistance, il ne resteroit que le moyen de la brûler avec un fer rouge. Cette opération ne devra être confiée qu'à un vétérinaire adroit.

Le cheval qui est atteint du lampas, éprouve de la difficulté pour manger ; et lorsqu'on n'y porte pas remède, il finit par ne plus pouvoir manger du tout.

ART. 12.

Des barbillons.

On appelle barbillons, des petites excroissances charnues qui se manifestent quelquefois sous la langue, et qui ont la figure d'un poisson qu'on nomme *barbillon* (C'est de-là que vient le nom). Beaucoup d'auteurs anciens, et presque tous les maréchaux prétendent que ces sortes d'excroissances empêchent le cheval de boire et de manger ; qu'il faut en conséquence, dès qu'on s'en aperçoit, se hâter de les faire couper. Les auteurs modernes disent au contraire, que ce seroit faire injure au siècle actuel, que de chercher à prouver l'inutilité d'une pareille opération ; à cet égard, nous sommes fondés à dire que nous avons vu réussir les méthodes de l'un et de l'autre système ; c'est-à-dire, que nous avons été à même de voir des chevaux ayant les barbillons, qui ne vouloient prendre ni nourriture, ni boisson, aussitôt après l'opération, recouvrer l'appétit ordinaire; d'autres, ayant les mêmes incommodités et auxquels on n'a point fait d'opération, ne pas manifester la moindre tristesse, ni le moindre dégoût.

Nous concluons de-là que toutes les fois qu'on s'aperçoit qu'un cheval a perdu l'appétit, il faut chercher, avant de permettre l'usage de l'opération, à s'assurer si ce dégoût ne seroit pas un avant-coureur d'une maladie essentielle; et pour cela il faut que le cheval soit visité par un vétérinaire, ou du moins par une personne ayant beaucoup d'expérience dans cette partie.

Art. 13.

Des barres et de la langue blessées.

Les barres peuvent être blessées par un mors ou une main trop rude. Si la blessure n'est que simple, le repos suffit pour la guérir promptement; mais s'il y avoit fracture ou carie, elle deviendroit alors tellement dangereuse, que sans de prompts secours, le cheval pourroit périr. Comme ce dernier cas exige des opérations très délicates, la présence d'un vétérinaire est indispensable.

Quant aux blessures à la langue, à moins qu'elles ne soient chancreuses, on en hâte la guérison, en la frottant avec du miel rosat et en laissant le cheval en repos.

Art. 14.

Des tics.

Les tics sont différentes habitudes que le cheval contracte ; le tic auquel il se livre le plus fréquemment, est une espèce de rot qu'il fait en rongeant le râtelier et plus communément la mangeoire ; M. Desplass nous dit que ce tic se reconnoît aux dents incisives qui sont usées en forme de biseau, soit à la mâchoire antérieure, soit à la mâchoire postérieure, et quelquefois aux deux mâchoires en même temps.

Il y a une autre sorte de tic qui est une espèce de balancement continuel que le cheval fait avec l'avant-main. Les chevaux qui ont ce tic, ont bientôt les jambes de devant usées.

Jusqu'à présent on ne connoît point encore de remèdes efficaces contre ces sortes d'habitudes.

Le tic qui ne paroît pas par l'usure des dents, est un cas redhibitoire ; mais l'action en garantie ne dure que vingt-quatre heures, attendu que ce délai est suffisant pour le reconnoître. (Art. 1648 du Code civil).

Art. 15,

Du mal de cerf.

Cette maladie est un spasme général dans lequel le cheval éprouve dans les muscles une tension considérable ; cependant il arrive quelquefois, que la tension spasmodique n'existe que dans certaines parties ; alors elle a beaucoup de ressemblance avec le *tétanos*, autre maladie nerveuse, que l'on ne distingue du mal de cerf, que par l'*onglet* qui recouvre par instans une partie de la cornée vers le grand angle de l'œil.

Le mal de cerf s'annonce par la roideur qui s'opère subitement dans les muscles du corps et qui serre si fortement les mâchoires, qu'il n'est presque pas possible de les ouvrir.

On ne peut mieux dépeindre un cheval atteint de ce mal, que ne l'a fait M. Rozier ; il dit : « Cet animal élève d'abord sa tête et « son nez vers le râtelier ; ses oreilles sont « droites, sa queue est retroussée, son re- « gard est empressé comme celui d'un che- « val qui a faim et auquel on donne du foin ; « l'encolure est si roide qu'à peine peut-on « la mouvoir; s'il vit quelques jours dans cet « état, il s'élève des nœuds sur les parties ten- « dineuses ; tous les muscles de l'avant-main « et de l'arrière-main éprouvent un spasme « si violent, qu'on diroit en voyant les jam- « bes du cheval ouvertes et écartées, que ses « pieds sont cloués au pavé. Sa peau est si « fortement collée sur toutes les parties de « son corps, qu'il n'est pas possible de les « pincer; les muscles des yeux sont si tendus « que si on ne regardoit qu'à l'immobilité de « ces organes, on croiroit que l'animal est « mort ; mais il ronfle et éternue souvent ; « ses flancs sont fort agités, sa respiration « est très pénible. »

La blessure d'un tendon peut donner lieu au mal de cerf ; la suppression d'une trans-

piration peut aussi occasionner ce spasme uni-
versel. Dans tous les cas, il faut commencer
par calmer les symptômes les plus pressans,
ensuite on cherchera à en détruire la cause ;
pour cela il faut s'assurer de sa nature afin
de la combattre avec succès.

Dans une maladie aussi dangereuse, le cheval est exposé à périr autant par la faim que
par le mal même ; il est donc instant en pareil
cas, d'appeler de suite un vétérinaire expérimenté pour administrer les remèdes convenables.

ART. 16.

Du vertige ou vertigo.

On distingue deux espèces de vertiges ou
vertigos , savoir : le vertige essentiel et celui
appelé symptomatique ou abdominal.

Il ne faut pas considérer ici le vertige comme
dans l'homme ; car celui-ci lorsqu'il en est atteint , croit que tous les objets qui l'entou-
rent tournent autour de lui, et souvent il croit
aussi qu'il tourne lui-même ; alors il n'est pas
difficile de connoître le véritable siège de la
maladie ; au lieu que dans le cheval, les vétérinaires les plus expérimentés sont presque
toujours privés des premières indications de
cette maladie.

Dans les deux espèces de vertiges, les signes
symptomatiques et caractéristiques sont : le
dégoût et l'affaissement du cheval; il baisse la
tête parfois, et d'autres fois la porte brusque-
ment très élevée ; il s'appuie ou contre la
mangeoire ou contre la muraille ; il se recule
en tirant fortement sur sa longe et puis s'a-

vance avec violence ; il a les yeux hagards ; lorsqu'on veut le faire marcher il chancelle, ses jambes sont ordinairement tremblantes, et malgré ces obstacles, il cherche toujours à se précipiter, de sorte que l'on parvient difficilement à lui faire exécuter un mouvement quelconque.

Il paroît que dans ce qu'on appelle le vertige essentiel, le cerveau seul se trouve affecté, et qu'alors il n'y a point complication d'aucune autre maladie. Cette espèce de vertige provient ordinairement d'un épanchement sanguin ou séreux produit par des chutes et des coups donnés sur la tête, par l'inflammation des membranes qui recouvrent et enveloppent le cerveau, et par l'engorgement des vaisseaux qui s'y distribuent, ce qui arrive souvent après des coups de soleil.

Le vertige appelé symptomatique ou abdominal est ordinairement aussi accompagné d'une affection au cerveau; mais on l'appelle ainsi, parce qu'il est le symptôme de quelqu'inflammation au bas-ventre, et principalement des indigestions ; et si dans ce dernier cas il se manifeste avec force, la maladie est presque toujours mortelle.

Comme cette maladie exige de prompts secours, nous allons indiquer des traitemens préparatoires qu'on pourra administrer, en attendant la présence d'un vétérinaire ; mais pour cela, il faut être assuré de l'espèce de vertige dont le cheval est atteint.

Si c'est le vertige essentiel, on peut sans crainte faire placer par un maréchal un peu habile, un séton à chaque fesse et à l'encolure ; on peut aussi donner un breuvage antispasmodique composé de plantes aromatiques, comme une infusion de menthe et de genièvre, dans laquelle on ajoutera à-peu-près 4 décagram. de muriate d'ammoniac et même 5 suivant la force du cheval, et 6 ou 8 grammes d'assa fœtida ; les saignées faites au plat des cuisses ne seroient pas nuisibles, mais comme la prudence doit toujours présider à ces sortes d'opérations, nous ne conseillons pas de le faire, avant qu'un vétérinaire ne l'ait ordonné.

Le vertige symptomatique est le plus dangereux, et comme il est ordinairement le symptôme d'une indigestion, nous ne parlerons pas des suppressions et retentions d'urine, coliques ou tranchées, etc.

Il faut faire attention que chez le cheval, l'indigestion ne siège pas toujours dans l'estomac, mais que souvent les gros intestins sont remplis de matières dures qu'aucune espèce de médicamens ne pourroit faire évacuer ; il arrive quelquefois dans ce dernier cas, que l'indigestion est accompagnée de paralysie de l'arrière-main ; cet accident arrive souvent aux chevaux auxquels on fait manger beaucoup de son.

Le remède simple et préparatoire que nous allons indiquer d'après M. Husard, inspecteur des écoles vétérinaires de France, sera facile à administrer, et calmera, en attendant la présence d'un vétérinaire, les grandes douleurs causées par des coliques très vives. On commencera par donner huit ou dix tasses de café très fort afin de réchauffer et de fortifier l'estomac ; ensuite on fera vider le cheval et on lui donnera des lavemens ; la saignée devra être interdite, à moins que le vétérinaire n'en reconnoisse l'utilité et qu'il soit prouvé que l'indigestion ne siége pas dans l'estomac ; car dans ce cas elle seroit mortelle.

ART. 17.

Des blessures sur le garrot.

Les blessures sur le garrot proviennent communément d'une selle mal ordonnée ou mal placée. Il est aussi des chevaux qui par leur conformation, sont plus exposés que d'autres, à être blessés sur le garrot ; il faut donc faire faire, comme nous l'avons déjà dit au chapitre des selles, les selles pour chaque cheval, et ne pas en changer indifféremment, comme le pratiquent la plupart de ces mauvais cavaliers qu'on nomme en équitation *casse-cou*.

Si la plaie est une simple foulure sans écorchure, et qu'on ne soupçonne pas qu'il y ait une extravasion de sang, on fera dissoudre du savon ordinaire dans de l'eau-de-vie mise dans un vase sur des cendres chaudes, et on étuvera la plaie trois ou quatre fois par jour ; mais s'il y avoit une écorchure, ce qui dégénère facilement en ulcère et en gangrène, il faut appeler de suite un vétérinaire et ne pas mettre sur la plaie des emplâtres répercutifs, propres à empêcher l'augmentation ou à la fermer promptement ; car ces sortes de moyens produisent toujours un résultat très

fâcheux et finissent même par occasionner
la carie des vertèbres.

Art. 18.

De l'effort de l'épaule.

Dans la médecine vétérinaire , l'effort de
l'épaule s'exprime par les mots *écart et entr'ouverture.*

L'écart est un accident auquel le cheval
est très exposé ; il provient le plus ordinairement d'une chute ou d'un effort que le cheval aura fait en se relevant ; ce qui arrive
quelquefois dans une écurie pavée , où le palfrenier aura négligé de faire assez de litière ,
ou bien lorsqu'en marchant , l'une des jambes de devant ou toutes les deux auront glissé
de côté et en dehors , ce qui arrive très souvent sur le pavé lorsque le cavalier abandonne trop son cheval.

Dès qu'un cheval vient de prendre un écart
et que la claudication s'ensuit , il faut sur-
le-champ le conduire à l'eau et l'y laisser
pendant une heure et demie au moins plongé
jusqu'au-dessus des épaules ; la fraîcheur de
l'eau étant un répercutif qui peut produire
un très bon effet. A la sortie de l'eau on ne
risque rien de faire saigner le cheval à la jugulaire , ensuite on mettra en usage les topi-
quesrésolutifs, comme les décoctions de sauge,
d'absinthe , de lavande et l'eau-de-vie camphrée ; des lavemens émolliens font aussi un
grand bien ; les lotions et les cataplasmes
émolliens ne sont jamais contraires.

L'entr'ouverture est un écart qui a des

suites plus graves, ce qui exige de suite la présence d'un vétérinaire. Le cheval qui est entr'ouvert boite beaucoup, fauche en marchant
et porte la jambe malade en avant quand il
est en repos.

M. Tressier conseille aussi pour l'entr'ouverture l'usage du bain, de la saignée à la
jugulaire et des topiques résolutifs ; il dit
encore : « Dans le cas où les résolutifs ne
« suffiroient pas, il faudroit avoir recours
« aux maturatifs, et on appliqueroit un sé-
« ton à la partie supérieure interne de l'avant-
« bras. La matière étant écoulée, on en vien-
« dra à une charge résolutive et fortifiante,
« et ensuite aux aromatiques et aux spiri-
« tueux. » Dans tous les cas, nous conseillons à un cavalier de se défaire d'un cheval
qui aura pris un écart, parce qu'il est presque toujours exposé à la claudication pendant
le reste de sa vie.

ART. 19.

De la malandre.

La malandre est une espèce d'ulcère qui se
forme au pli du genou, et d'où il découle une
humeur âcre qui ronge et fend la peau ; le
poil en cet endroit se trouve mouillé, hérissé
et plein d'une saleté grenue. Ce mal est long
à guérir ; il exige un traitement ordonné et
suivi avec méthode, de crainte que la guérison ne soit trop prompte, et qu'alors l'humeur ne descende dans le pied et ne produise
le fic ou crapeau.

Comme la malandre ne diminue pas de

(208)

beaucoup le prix d'un cheval ; nous conseillons aux cavaliers qui auroient des chevaux attaqués de ce mal, de les vendre, plutôt que de chercher à obtenir une guérison qui ne seroit peut-être pas d'une longue durée, ou qui pourroit avoir des suites très funestes.

ART. 20.

Des suros, osselets et fusées.

Communs à l'arrière-main.

Le suros est une tumeur osseuse qui se trouve fixée sur le canon ; l'osselet est une autre tumeur osseuse fixée sur la même partie, mais elle est placée du côté du boulet ; les fusées sont une réunion de plusieurs suros les uns sur les autres.

Aussitôt que l'on s'aperçoit de l'un ou de l'autre de ces accidens, il faut avoir soin de remarquer si le cheval ne manifeste pas de la sensibilité en marchant ; s'il boitoit, il faudroit de suite chercher à s'en défaire (*Dans ce cas, l'honnêteté exige qu'on prévienne de la défectuosité du cheval, la personne à laquelle on veut le vendre*), et ne pas faire le moindre sacrifice pour obtenir la guérison ; car jusqu'à présent on n'a point encore découvert de remèdes efficaces pour détruire ces sortes d'accidens.

ART. 21.

De l'entorse.

Commune à l'arrière-main.

L'entorse est une extension violente du ligament de l'articulation du boulet ; elle est toujours accompagnée d'un gonflement. Le cheval qui s'est donné une entorse boite plus ou moins sensiblement. Un cavalier attentif et soigneux s'apercevra de suite, par les mouvemens irréguliers que fait son cheval, soit avec l'avant-main, soit avec l'arrière-main, qu'il s'est opéré un changement dans sa marche. Dans ce cas, il devra mettre pied à terre, et chercher à s'assurer du siège de l'entorse et de sa nature. Si elle n'est que simple et qu'elle provienne d'un faux pas ou d'un effort que le cheval auroit fait pour retirer son pied d'une ornière, il le conduira au petit pas jusqu'au gîte ; là, il le laissera en repos une demi-heure environ, et pendant ce temps il le fera déferrer du pied malade ; ensuite il le fera mener dans une rivière, où il devra le faire rester à-peu-près une heure. Le cheval devra être baigné de cette manière pendant quatre à cinq jours, trois fois par jour ; et chaque fois, à la sortie du bain, il lui fera frictionner la partie affectée avec une dissolution de savon dans de l'eau-de-vie, ou bien avec de l'eau-de-vie camphrée ; mais s'il y avoit dislocation, le mal seroit alors considérable, et au lieu de songer à appliquer des remèdes, il faudroit plutôt s'occuper à replacer l'os. Dans ce dernier cas, il faut de suite appeler un vétérinaire, et n'agir que d'après ses avis.

Art. 22.

De la nerf-férure.

Commune à l'arrière-main.

On appelle nerf-férure un engorgement qui survient au canon et parties voisines, à la suite d'un coup quelconque donné sur le tendon fléchisseur du pied de devant, ce qui fait boiter le cheval. Si le coup donné n'a point causé de plaie, et qu'il n'y ait qu'un simple engorgement, on commencera par faire disparaître l'inflammation, en faisant usage de fomentations et de cataplasmes émolliens ; ensuite on emploiera les bains et les frictions aromatiques ; mais si après avoir usé de tous ces remèdes, l'engorgement ne diminuoit point, cela annoncéroit la présence d'un ganglion enkysté, et dans ce cas il faudroit appeler un vétérinaire.

Art. 23.

Du ganglion.

Commun à l'arrière-main.

Le ganglion est une tumeur dure qui se manifeste aux tendons des extrémités du cheval.

Il y a des ganglions de différentes grosseurs ; M. Rozier a dit en avoir vu un, dans un cheval de carosse, de la grosseur d'un œuf de pigeon.

Le ganglion siège dans les enveloppes du tendon ; des humeurs accumulées et épaissies dans cette partie en sont la principale cause ; il fait boiter le cheval. Les coups, les chutes

et les efforts peuvent quelquefois aussi y
donner lieu par la suite.

Lorsque le ganglion est récent, il se guérit
facilement, en commençant par faire usage
de cataplasmes émolliens composés de feuilles
de mauve, et ensuite en frictionnant avec de
l'eau-de-vie camphrée ; mais si ce moyen n'a
pas un résultat avantageux, il faut appeler
un vétérinaire, qui sans doute conseillera
l'application du feu.

Art. 24.

De la molette.

Commune à l'arrière-main.

La molette est une tumeur molle formée
par un amas de lymphe ou de sérosités, qui
a son siège au-dessus du boulet ; tantôt elle
couvre la face postérieure du tendon, tantôt
les parties latérales.

Comme un cheval attaqué de la molette est
bientôt hors de service, et que ce mal est
presqu'incurable (à moins qu'on ne veuille
se décider à y appliquer le feu), nous conseillons aux cavaliers qui auroient des chevaux
chez lesquels il se manifesteroit un commencement de molette, de les vendre.

Art. 25.

De la forme.

Commune à l'arrière-main.

La forme est une tumeur indolente qui
survient à la couronne du pied du cheval,
en dedans ou en dehors, et quelquefois aux
deux côtés en même temps.

Un coup, une piqûre, des courses violentes, sont les causes ordinaires de ce mal.

M. Rozier dit : « La forme qui paroît à la
« suite d'un coup, d'une piqûre, commence
« toujours par être inflammatoire; on doit
« donc s'attacher à la traiter dans son prin-
« cipe avec les cataplasmes émolliens, ensuite
« avec les fomentations, les cataplasmes et
« les frictions résolutives; mais les uns et les
« autres de ces remèdes ne produisent-ils
« aucun effet, placez sur la tumeur un em-
« plâtre d'onguent de Vigo au triple de mer-
« cure, ou du Diabotanum mercurisé; ces
« topiques sont-ils encore sans effet, appli-
« quez sur la tumeur des raies de feu. »

Dans tous les cas, il convient de parer le
pied et de le sonder, pour s'assurer si la
forme n'est pas produite par un effort qui
auroit meurtri et dilacéré les fibres ligamen-
teuses; dans ce cas, il faudroit faire dessoler
le cheval. Dans les deux hypothèses, la présence d'un vétérinaire est indispensable.

Ce mal est très long à guérir, et encore la
plupart du temps n'obtient-on pas une guérison radicale.

Art. 26.

Du javart.

Commun à l'arrière-main.

Suivant M. La Fosse, on distingue quatre
espèces de javart, savoir : le javart simple,
le nerveux, l'encorné proprement dit, et le
javart encorné improprement dit.

Le plus souvent c'est la négligence et l'in-
souciance du cavalier, qui sont spécialement

les causes du javart ; les contusions , les meurtrissures et les atteintes négligées donnent lieu à ce mal ; l'âcreté des boues dans lesquelles un cheval se trouve souvent obligé de marcher des journées entières ; la crasse accumulée , l'acrimonie de la transpiration , etc. , telles sont les causes qui donnent naissance au javart.

Le javart simple n'est pas dangereux ; le mal , dans ce cas , ne siège que dans la peau , et attaque seulement une partie du tissu cellulaire du paturon , plus communément aux pieds de derrière qu'à ceux de devant. On n'aperçoit le javart simple que par le boitement du cheval , et lorsqu'en touchant le paturon l'on sent une tumeur douloureuse de laquelle suinte une humeur d'une très mauvaise odeur.

Le javart nerveux se fixe ordinairement dans le paturon. Le javart encorné proprement dit , a son siège sur la couronne ; une atteinte que le cheval se sera donnée , peut y donner lieu.

Le javart encorné improprement dit , est une suite du précédent ; toute la différence qu'il y a , c'est que si le javart encorné proprement dit , est mal soigné , la matière alors attaque le cartilage de l'os du pied , et en occasionne la carie.

Dans les quatre espèces de javart la présence d'un vétérinaire devient indispensable , car l'ouverture naturelle d'un abcès pouvant être trop petite , il est important de la dilater avec un bistouri : opération qu'on ne doit jamais confier qu'à un homme de l'art.

Art. 27.

De l'enchevêtrure.

L'enchevêtrure est une plaie que le cheval se fait ordinairement avec sa longe, au paturon ou plus haut.

On a vu des chevaux qui se sont trouvés tellement pris dans leurs longes, qu'ils se sont coupé la peau jusqu'au tendon. Si, dans ce dernier cas, il y a gonflement, il faut absolument appeler un vétérinaire ; si, au contraire, il n'existe point de gonflement, la plaie n'étant alors que simple, le traitement suivant, indiqué par M. Rozier, suffira pour la guérir.

Lorsque la plaie est récente, il faut prendre des étoupes imbibées de vin chaud miellé, qu'on appliquera dessus ; si elle est un peu ancienne, on se servira d'eau-de-vie en place de vin, et ensuite on terminera par dessécher la plaie avec de la colophane pulvérisée.

Art. 28.

De la fourbure.

Commune à l'arrière-main.

La fourbure est une maladie très commune chez les chevaux ; elle a son siège dans l'intérieur du sabot, et c'est l'engorgement des vaisseaux qui s'y distribuent, qui constitue la maladie.

Le séjour dans une écurie humide, l'insensible transpiration interrompue, la sup-

pression d'une sueur, l'âcreté et l'épaississe-
ment des liqueurs, un exercice violent et
outré, une boisson froide donnée pendant
que le cheval est en sueur, l'excès de repos,
et pendant ce temps une nourriture abondante, échauffante et trop substantielle ;
une ferrure mal ordonnée, comme, par
exemple, des pieds trop profondément pa-
rés et chauffés, des lames brochées trop près
du vif, quelques heures de marche sur un
terrain dur, surtout après une ferrure mal
appliquée ; telles sont les causes qui donnent
lieu à la fourbure.

Les symptômes qui annoncent la présence
de cette maladie, diffèrent suivant le degré
du mal et de ses progrès. Le plus souvent la
fourbure est accompagnée d'une fièvre plus
ou moins forte, selon l'augmentation de la
douleur dans les pieds affectés. La marche
du cheval indique d'une manière non équi-
voque, si la maladie règne dans les pieds de
devant ou dans ceux de derrière. Si elle attaque les deux pieds de devant, le cheval n'en
fait usage qu'avec difficulté ; en alongeant
une des jambes en avant, il craint de poser
le pied sur le terrain, et évite surtout de s'appuyer sur la pince.

Lorsque la fourbure attaque les pieds de
derrière, les jambes de devant étant alors
chargées de presque toute la masse du corps,
elles se trouvent inclinées en arrière ; la
croupe, dans cette position, est naturellement soulevée ; le cheval porte le cou un peu
tendu et la tête basse ; sa marche est incer-

taine et très pénible ; l'on remarque surtout une vacillation quelquefois assez considérable, dans la croupe. En touchant avec la main la couronne et le sabot, on y sent de la chaleur.

Quelquefois la fourbure n'attaque qu'un pied ; d'autres fois deux, trois, et même tous les quatre.

La vîtesse et la dureté du pouls auxquels on reconnoît la force de la fièvre, les sueurs aux flancs et aux épaules, la tristesse, le dégoût, un grand échauffement qui donne lieu à la constipation, sont des signes certains qui annoncent la fourbure.

M. Chabert a dit : « Rendre au sang sa « fluidité, rétablir les excrétions et les secré- « tions interceptées, débarrasser les parties « déclives de l'humeur qui les opprime, la « corriger, émousser son action et l'évacuer, « sont les effets à opérer et les seuls capa- « bles de mettre fin à la maladie dont il « s'agit. »

Assurément M. Chabert a indiqué, en peu de mots, les moyens qu'il convient d'employer pour faire disparoître cette maladie, qui est d'autant plus à craindre qu'elle est sujette à des rechutes. Ainsi donc, dès qu'on s'aperçoit qu'un cheval devient fourbu, il faut, sans perdre un instant, faire appeler un vétérinaire, afin qu'il puisse de suite commencer un traitement méthodique et convenable, car un jour de retard peut causer la perte du cheval.

Art. 29.

De la crapaudine.

Commune à l'arrière-main.

La crapaudine est un ulcère d'où suinte une humeur âcre ; elle a son siège sur l'os de la couronne, à la partie antérieure, soit à une jambe de devant, soit à celle de derrière. Ce mal provient quelquefois d'une atteinte que le cheval s'est donnée et qu'on a négligé de soigner ; d'autres fois il est la suite des eaux aux jambes. Dans le premier cas, il n'est que simple et n'est pas dangereux ; dans le second, il devient au contraire très sérieux.

La présence d'un vétérinaire est nécessaire.

Art. 30.

De l'atteinte.

Commune à l'arrière-main.

On distingue trois sortes d'atteintes ; l'atteinte simple, l'atteinte encornée et l'atteinte sourde.

L'atteinte simple est une petite meurtrissure que le cheval se fait avec ses fers, soit au dedans du boulet, soit au-dessus ou au dehors, contre un autre corps. Des lotions faites sur-le-champ avec de l'eau de sel, font un grand bien ; ensuite on étuvera la plaie pendant trois ou quatre jours avec de l'eau tiède, dans laquelle on aura mêlé un peu d'huile d'olive : cela suffira pour en obtenir la guérison.

L'atteinte devient encornée, lorsque le trou se ferme, que la plaie se consolide, et que la matière s'assemble sous la corne ; ce qui est capable de produire la corruption du cartilage. Cette atteinte demande à être traitée comme le javart encorné.

Dans l'atteinte sourde on ne voit aucune meurtrissure ; mais le cavalier s'en aperçoit bientôt par la claudication : en touchant le pied malade avec la main, il sentira dans la partie affectée une chaleur assez considérable.

Dans ces deux espèces d'atteintes la présence d'un vétérinaire devient très nécessaire, car nous avons vu souvent des atteintes qui avoient été négligées, dégénérer en javart.

Nous recommandons spécialement à tout bon cavalier, de ne pas imiter un grand nombre de ces prétendus écuyers qui, croyant se rendre agréables, manœuvrent leurs chevaux de toutes sortes de façons, sans principes, et ne sachant surtout pas les aider. C'est vraiment alors dans de pareils désordres, que les chevaux se donnent eux-mêmes des atteintes aussi dangereuses que longues à guérir.

ART. 31.

Des grappes.

Communes à l'arrière-main.

Les grappes sont des petites excroissances plus molles que les verrues ; elles sont ordinairement rougeâtres, et ressemblent, par leur multiplicité, à des grappes de raisin ;

elles surviennent au paturon ou autour du boulet.

Les causes qui donnent lieu aux grappes, sont : les meurtrissures, la malpropreté, etc. Elles viennent aussi à la suite des eaux aux jambes; alors, il en suinte une humeur âcre, d'une odeur fétide. Dans ce cas, la naissance des grappes provenant d'un vice interne, il faut que le cheval soit traité intérieurement avant d'appliquer des remèdes à l'extérieur.

Si les grappes naissent des deux premières causes, il faut couper le poil et les grappes le plus près de la peau qu'il sera possible, mettre de suite sur la plaie des étoupes imbibées de bon vinaigre. Le lendemain il faut y appliquer du vert-de-gris mêlé avec du vinaigre; réitérer ainsi ce pansement deux fois par jour, et le continuer jusqu'à parfaite guérison. *Ce remède est indiqué par M. Rozier.*

ART. 32.

De la bleime.

Commune à l'arrière-main.

L'existence de la bleime n'est pas toujours facile à reconnoître, parce qu'elle a son siège dans l'intérieur du sabot. Une contusion peut y donner lieu, en produisant un épanchement de sang ou de sérosité à la sole du cheval, vers le talon. Le boitement est le seul symptôme que cette maladie offre dans le commencement, et ce n'est qu'en parant le pied jusqu'au vif, qu'on parvient à s'assurer de son existence.

La conformation de la sole des pieds de derrière les préserve ordinairement de ce mal.

Nous avons vu des bleimes se guérir d'elles-mêmes ; mais nous en avons aussi vu d'autres dégénérer en abcès : cas qui devient très grave.

Quelle que soit la nature de la bleime, elle exige toujours la présence d'un vétérinaire.

Art. 33.

Des seimes.

Communes à l'arrière-main.

On distingue deux espèces de seimes ; savoir ; la seime *pied de bœuf* et la seime *quarte* : elles affectent le tour du pied du cheval. On appelle seime pied de bœuf, une fente dans le sabot, qui se fait à la pince depuis la couronne jusqu'au bas. La seime quarte est celle dans laquelle le sabot est fendu de même dans les parties latérales.

M. Desplass dit : « Les seimes sont com-
« plètes ou superficielles. On appelle com-
« plètes, celles dans lesquelles la corne est
« fendue jusqu'à la chair ; celles qui sont
« superficielles ne sont que de simples fis-
« sures ; elles sont graves, et ne font pas
« boiter ; elles exigent cependant que les
« pieds qui en sont affectés soient tenus
« gras. »

Les chevaux rampins, qui ont le sabot étroit, sont plus exposés à la seime *pied de bœuf* que les autres. Les pieds dont les quartiers sont foibles, encastelés, et qui ont une corne sèche, sont ordinairement exposés à la seime *quarte*, qui, quand elle est mal soignée, dégénère en javart encorné.

Tout ce que nous pourrions conseiller ici pour obtenir la guérison de ce mal deviendroit inutile, attendu que le moindre traitement exige des opérations qui ne doivent être confiées qu'à un vétérinaire.

ART. 34.

De la Fourmilière.

Commune à l'arrière-main.

Ce mal est un vide qui se fait entre la chair cannelée et la muraille du pied et qui règne ordinairement depuis la couronne jusqu'au bas.

Elle provient d'une altération du sabot, ou de son dessèchement occasionné par un fer chaud, qu'un maréchal ignorant et maladroit aura fait porter trop long-temps sur le pied; ce qui produit le dessèchement des vaisseaux et enlève l'humidité si précieuse au pied.

Ce mal exige de suite la présence d'un vétérinaire.

ART. 35.

Des Teignes.

Communes à l'arrière-main.

Cette maladie survient à la fourchette; elle la fait paroître comme vermoulue et la fait tomber par morceaux en pourriture. Si le mal attaque le vif, il en résulte des démangeaisons capables de faire boiter le cheval.

(228)

On s'aperçoit de ce mal par le trépigne-
ment du cheval et par une forte odeur de
fromage pourri qui se répand dans l'écurie.

Ce mal n'est pas dangereux, mais il est
fort douloureux. Quelques auteurs conseillent de bien parer la fourchette, de la laver
avec de l'eau de vie ou du vinaigre chaud
où l'on aura éteint un morceau de chaux
vive, et d'appliquer par-dessus un restrainc-
tif fait avec les blancs d'œufs, la suie et le
vinaigre.

ART 36.

De l'étonnement du sabot.

Commun à l'arrière-main.

L'étonnement du sabot n'est autre chose
qu'un ébranlement causé dans le pied du
cheval, soit par une pierre, soit par un autre
corps quelconque.

Le cheval qui a éprouvé l'étonnement se
tient mal sur le pied malade; on en décou-
vre le siège en frappant sur les diverses parties du sabot avec un brochoir ou un autre
petit marteau, et dès qu'on frappera sur la
partie affectée, le cheval manifestera de la
sensibilité.

M. Tessier conseille de faire saigner en
pince et d'enduire d'une émiellure le tour du
sabot et de la sole.

La saignée devra toujours être opérée par
un vétérinaire.

Art. 37.

De l'enclouure.

Commune à l'arrière-main.

On dit qu'un cheval est encloué lorsqu'un maréchal mal-adroit lui a enfoncé le clou dans la chair vive. On dit qu'il est piqué, quand le clou n'a fait qu'atteindre le vif et que le maréchal l'en a retiré sur le champ. Dans ce dernier cas il n'y a point de danger, et la piqûre se guérit d'elle-même.

Il n'en est pas de même dans l'enclouure; le cheval boite, et dès qu'on s'en aperçoit, si c'est dans un lieu où il ne réside point de vétérinaire, il faut faire venir un maréchal et lui ordonner de déferrer le pied malade; si cet accident arrivoit en voyage, il faut simplement verser un peu d'essence de térébenthine dans le trou et le recouvrir avec un peu d'étoupe; et s'il n'étoit pas possible de se procurer de cette essence, il faut en place faire fondre dans la plaie, de la cire d'Espagne ou de l'huile bien chaude, et ordonner au maréchal de brocher le fer légèrement; avec cette précaution on peut faire continuer la route au cheval tout doucement et jusqu'à ce qu'on soit arrivé dans un lieu où l'on peut appeler un vétérinaire.

Il en est de même pour les chevaux qui se trouvent blessés par des clous de rue ou des morceaux de verre; etc. Dans tous les cas la présence d'un vétérinaire est très essentielle.

CHAPITRE II.

Des maladies du corps.

ART. 1.er

De la Fièvre.

Tout le monde sait que la fièvre provient d'un effort que fait la nature pour se débarrasser des substances qui dérangent le juste équilibre des fonctions animales.

Pour bien connoître et distinguer la force et l'accroissement de la fièvre, il faut savoir dans quel état doivent être les pulsations chez le cheval jouissant d'une bonne santé.

M. Rozier a dit que dans le cheval fait et tranquille, on compte quarante-deux pulsations par minute; soixante-cinq dans un poulain âgé de trois ans; quarante-huit dans un cheval de cinq à six ans; trente dans un vieux cheval; trente-quatre et même trente-six dans une jument faite. Il faut observer que les chevaux élevés dans des pays marécageux, ont généralement le pouls moins fort que les autres.

Le cheval qui commence à avoir la fièvre perd l'appétit, s'agite continuellement; ses yeux sont rouges, il est triste et abattu, sa langue est sèche, les pulsations sont irrégulières soit en vélocité, soit en lenteur.

Il est au-dessus de notre portée de donner d'autres détails sur cette maladie, détails qui deviendroient en quelque sorte inutiles à un cavalier; car dès qu'on s'aperçoit qu'un cheval prend de la fièvre, il faut de suite appeler un vétérinaire, puisque souvent cette maladie est l'avant-coureur d'une autre quelquefois très grave.

Art. 2.

Du Farcin.

Le farcin consiste en une éruption de boutons ronds ou de tumeurs longues et étroites, qu'on appelle *cordes*. Tout ceci existe le plus souvent sans inflammations; les boutons se trouvent ordinairement placés indistinctement sur toutes les parties du corps du cheval; les cordes paroissent se placer le long des grosses veines.

La médecine vétérinaire distingue deux espèces de farcin, savoir: le farcin malin et le farcin benin. Le premier est très tenace, contagieux et dégénère souvent en morve; on le reconnoît par la remarque de duretés sur les grosses veines, aux évacuations par les narines d'une matière verdâtre et sanguinolente. En observant attentivement les progrès de la maladie, on remarquera avec quelle rapidité cette espèce de farcin se communique d'un côté à l'autre.

Le second s'annonce simplement par des petits boutons épars sur tout le corps, cachés quelquefois sous la peau et suppurant aisément. Le farcin benin est aussi contagieux; il peut même communiquer le farcin malin, suivant le tempérament et les dispositions des autres chevaux.

D'habiles vétérinaires ont observé que le long repos, après un grand travail; une nourriture abondante sans exercice, ou après une maladie, ou après de grandes fatigues; de l'avoine ou du foin nouveau donnés en trop grande quantité; le séjour du cheval dans une écurie mal-propre et humide; la suppression d'une transpiration; et enfin le pansement et le bouchonnement négligés, etc., sont autant de causes qui engendrent le farcin.

M. Tessier a dit : « Suivant M. Husard, « un traitement particulier est difficile à as- « seoir d'une manière générale pour tous. « La cause du mal n'étant pas toujours la « même, ainsi qu'il a été dit, il faudroit la « connoître avant de rien entreprendre. « Comment arrêter la contagion, faire dis- « paroître la maladie, si les causes qui l'ont « produite sont inconnues ? il est donc es- « sentiel de savoir dans quelles circonstances « se trouvoit le cheval ou les chevaux infec- « tés, quand le farcin a commencé. Est-il « dû à la nature du travail, à des fatigues « outrées, à la nourriture, à une suppression « de transpiration, au contact, à la commu- « nication par une voie quelconque, à la né- « gligence dans le pansement, aux écuries « mal-propres et humides, etc. ? toutes ces « différentes causes exigent indispensable- « ment des recherches et des questions de « la part des artistes vétérinaires, parce que « dans les maladies contagieuses il ne suffit

« pas de traiter, de guérir même individuel-
« lement les animaux malades, mais encore
« il faut en détruire les causes, sans quoi
« l'on ne remplit qu'une très petite partie
« du but qu'on doit se proposer. Quelle que
« soit d'ailleurs la cause du mal, elle se mo-
« difie souvent dans l'individu, de manière
« à exiger un traitement différent dans plu-
« sieurs ; quelquefois cette maladie affecte
« un caractère inflammatoire, qui cède assez
« aisément aux remèdes propres à combattre
« ce genre d'affection, tandis que d'autres
« fois, et le plus souvent, elle est chroni-
« que et ressemble beaucoup à l'affection
« écrouelleuse dans l'homme ; il faudroit
« donc pour prescrire un traitement métho-
« dique et détaillé, avoir vu les chevaux
« qui en sont affectés, etc. »

On conçoit combien une maladie aussi périlleuse pour le cheval, exige promptement
la présence d'un vétérinaire auquel on devra s'empresser de donner les détails les plus
exacts, des causes qui ont pu la produire.

Si par hasard on n'étoit pas à même d'a-
voir un vétérinaire, il faudroit se mettre en
garde contre les traitemens que voudroient
pratiquer les maréchaux de la campagne, qui
se sont persuadés que cette maladie n'a son
siège que dans le sang, et alors opèrent des
saignées si copieuses et si souvent réitérées,
qu'ils font périr le cheval.

ART. 3.

De la pousse.

La pousse doit être mise au nombre des maladies incurables; car jusqu'à présent on n'est encore parvenu qu'à l'adoucir en usant des palliatifs.

Cette maladie s'annonce par une petite difficulté de respirer sans fièvre; les flancs sont ordinairement très tendus, battent irrégulièrement avec plus ou moins de force et de fréquence; le cheval tousse assez souvent, et l'on voit sortir par les naseaux une espèce de matière tamponnée qu'il jette par flocons.

Des courses longues et rapides; généralement un exercice outré, joint à une mauvaise nourriture, sont les causes ordinaires qui contribuent à cette maladie; le pansement journalier négligé pouvant donner lieu à la suppression de l'insensible transpiration, n'y contribue pas moins.

D'abord, dès qu'on remarquera que le principe de la pousse se manifeste chez un cheval, il faudra commencer par lui retirer le foin et l'avoine, et ne lui donner pour toute nourriture que de la paille et du son mouillé en petite quantité. En observant ainsi ce régime pendant trois semaines ou un mois, il faudra en même temps faire prendre au cheval le remède suivant, qui est fort simple et qui est un excellent palliatif : prenez réglisse, fleur de soufre, baies de laurier, anis vert et sucre candi, un quarteron de chaque, et faites du total une poudre fine;

on en donnera une once le matin et une autre le soir dans le son ; par ce moyen les
quintes de toux seront moins fréquentes , et
on parvient à maintenir l'haleine du cheval.

Au surplus, le meilleur conseil que nous
puissions donner à cet égard, est celui de
se défaire du cheval ; mais dans ce cas , il
faut prévenir l'acheteur du vice dont le cheval est attaqué, à peine de dommages et in-
térêts. (Art. 1645 du code civil).

La pousse est au nombre des vices redhi-
bitoires. (Art. 1641 et 1647 du même code).
L'action en garantie dure suivant l'usage du
lieu où la vente a été faite. (Art. 1648).

Art. 4.

De la gras-fondure.

Quoique la plupart des personnes et surtout les maréchaux de la campagne se persuadent que cette maladie n'a pour cause
que l'état de graisse dans lequel se trouve
un cheval , ils sont dans l'erreur , car un
cheval maigre, aussi bien qu'un cheval gras,
peut en être atteint.

D'abord il a été reconnu que cette maladie n'est autre chose qu'une affection inflammatoire des intestins, dans laquelle les
membranes veloutées se trouvent spécialement offensées.

Les causes de cette maladie sont : un exercice outré , des purgatifs trop violens ou
donnés à trop forte dose dans une maladie
quelconque.

Lorsque cette maladie n'est que simple,

les suites n'en sont ordinairement pas funestes ; mais lorsqu'elle est accompagnée de
courbature ou de fourbure, alors elle devient
plus ou moins dangereuse ; cependant elle
cède dans tous les cas, lorsqu'un vétérinaire
sait user d'un traitement méthodique, et que
les secours qu'elle exige ne sont pas donnés
trop tardivement.

Les secours qu'on peut faire administrer
sur le champ par un maréchal ordinaire,
en attendant l'arrivée d'un vétérinaire, consistent 1.º à faire des saignées plus ou moins
répétées selon la complexion du cheval ; cette
opération désemplit les vaisseaux, les dégorge
et diminue l'inflammation, 2.º à donner plusieurs lavemens et breuvages émolliens et rafraîchissans.

Il ne faut pas permettre l'usage des purgatifs que les maréchaux veulent ordinairement administrer dans cette maladie ; car
ils ne serviroient qu'à produire encore une
irritation plus forte et finiroient par causer
la mort du cheval.

Les symptômes de cette maladie sont : le
dégoût, l'inquiétude, l'agitation. Le cheval
se couche, se relève et regarde sans cesse
son flanc, qui est agité d'un battement plus
ou moins fort ; mais le signe caractéristique
et qui appartient spécialement à cette maladie, c'est une excrétion de mucosités dont
les excrémens sont enveloppés. C'est d'après
ce dernier signe, que beaucoup de maréchaux se sont figuré que cette coiffe n'étoit
autre chose que le trop de gras qui se fon-
doit dans le cheval, tandis que c'est l'hu-

meur intestinale qui se fraye un chemin et dès lors s'évacue avec les excrémens qui en sont enveloppés.

Art. 5.

De l'ébullition de sang.

L'ébullition s'annonce par des élevures ou boutons assez considérables, qui occasionnent de fortes démangeaisons. Ces élevures se trouvent quelquefois éparses sur toute la surface du corps, mais le plus souvent elles ne se manifestent qu'à la tête, à l'encolure, aux côtés et aux environs de l'épine.

Comme on pourroit confondre l'ébullition de sang avec le farcin, nous allons indiquer les signes qui en font connoître la différence.

Les boutons provenant d'une ébullition de sang, se forment plus promptement que ceux du farcin; ils n'ont pas la même dureté, ils ne sont pas aussi gros; ils sont très circonscrits et ne forment jamais de cordes; ils ne s'ouvrent pas d'eux-mêmes et ne dégénèrent point en pustules; ils ne sont point contagieux et cèdent facilement aux moindres remèdes qui leur sont convenables.

L'ébullition de sang provient ordinairement d'un trop grand exercice, ou d'un trop long repos, surtout si l'on tient le cheval, dans l'un et l'autre cas, à un régime trop échauffant, comme par exemple une trop grande quantité d'avoine; ou si dans un long repos que l'on fera prendre à un cheval au printemps, sous le prétexte de le rafraîchir, on lui donne avec immodération de la luzerne, du trèfle ou du sainfoin.

Selon les remarques que nous avons faites, nous conseillons de ne jamais donner de sainfoin soit en verd ou en sec ; l'expérience nous a démontré, que dans les cantons où l'on ne donne pour toute nourriture aux chevaux, que du sainfoin, il en périt beaucoup sur la fin de la saison par le vertige ; quelle en est la raison ?.....Nous la laisserons à définir aux gens de l'art, qui ne manqueront pas de publier les remarques qu'ils auront faites à cet égard.

Une sueur ou une transpiration supprimée peuvent aussi occasionner l'ébullition de sang.

Comme cette maladie (si on peut l'appeler ainsi) n'a point de suites dangereuses, en y portant promptement des secours ; nous indiquerons les remèdes simples conseillés par M. Rozier.

Cet auteur dit : « Une ébullition de sang, « qui a pour cause la rarescence des hu- « meurs, se détruit par la saignée et par un « régime humectant et adoucissant. L'ébul- « lition qui au contraire provient d'une « transpiration ou d'une sueur supprimée, « cède facilement à quelque léger sudori- « fique, tel que la noix muscade que l'on « fait bouillir pendant deux ou trois minu- « tes dans un litre de bon vin et dans un vase « bien couvert, et que l'on fait prendre au « cheval à titre de breuvage. »

Il observe aussi que dans cette dernière circonstance la saignée deviendroit dangereusé. En conséquence, il ne seroit pas prudent de permettre l'usage de la saignée, à moins qu'on ne soit certain que l'ébullition n'a pas pour cause la suppression d'une sueur ou d'une transpiration.

Art. 6.

Des tranchées ou coliques.

Toutes les maladies du bas-ventre sont ordinairement annoncées par des tranchées plus ou moins aiguës.

L'indigestion, la rétention et la suppression d'urine; les graviers (appelés en terme de l'art *calculs*) formés dans les reins; les alimens donnés avant ou pendant la fermentation, ou mangés en vert; les vents, la constipation, les vers, l'âcreté et la surabondance de la bile; les boissons d'eau trop froide, surtout en été; telles sont les causes qui occasionnent des tranchées; il en existe encore deux qui méritent une attention particulière; la première est la rupture de l'estomac et des intestins, qui donne lieu à des tranchées qu'on appelle dans l'homme, *colique de miséréré;* la seconde, est l'inflammation des intestins, qui finit ordinairement par la gangrène; elle constitue ce qu'on appelle les tranchées rouges. M. Desplass considère cette dernière sorte de tranchée non pas comme un symptôme, mais bien comme une vraie maladie.

Nous allons indiquer les signes par lesquels on reconnoît les différentes tranchées.

Dans l'indigestion, le pouls est dur et plein,

il y a quelquefois diarrhée; les excrémens sont d'une fort mauvaise odeur, et on y remarque assez souvent des grains d'avoine qui ne sont point digérés. (*Voyez ce que nous avons dit à l'art. du Vertige, quant à l'indigestion*).

Dans la rétention d'urine, le cheval se campe pour pisser et il ne peut le faire que goutte à goutte et souvent point du tout; alors il s'agite, se couche, se roule, se relève sans cesse et regarde son flanc; dans cette espèce de tranchées, il suffira de faire prendre au cheval à titre de breuvage, une chopine de vin blanc mêlé d'un demi verre eau-de-vie, d'une cuillerée huile d'olive et d'une once de sel de nitre (trente grammes); on donnera aussi deux ou trois lavemens, acidulés avec une cuillerée de vinaigre rouge; ensuite on promenera le cheval au petit pas, et au bout de deux minutes il urinera et les douleurs seront calmées.

Dans la suppression d'urine occasionnée par des calculs, le cheval se campe aussi pour pisser, il se tend beaucoup et fait des efforts considérables, il cherche à porter sa tête vers les reins; on prétend même qu'il y a des chevaux qui cherchent à y mordre. Cette espèce de tranchées exige de suite un vétérinaire instruit et adroit.

Dans les tranchées qui sont occasionnées par des alimens nouveaux ou verts; le ventre est très gonflé, les flancs sont durs, les douleurs sont presque continuelles; le cheval s'agite, se couche, se roule, se relève sans cesse; il se couvre pour la plupart du temps d'une sueur froide causée par les vives douleurs qu'il ressent.

Dans ce cas, s'il y a un vétérinaire sur les lieux, nous conseillons de l'appeler ; mais s'il ne s'en trouvoit point, il faudroit donner au cheval deux ou trois lavemens émolliens, ensuite le faire promener au pas et ne point permettre qu'on le fasse trotter comme l'exige le plus grand nombre des maréchaux de la campagne ; car ce moyen est plutôt nuisible qu'utile, le cheval étant déjà exténué de fatigue par les vives douleurs que lui fait éprouver la colique.

Les mêmes symptômes annoncent les tranchées causées par les vents et la constipation ; dans ce dernier cas, les lavemens ne faisant quelquefois point d'effet, il faut vider le cheval ; cette opération se fait, en introduisant la main (qu'on aura soin de frotter auparavant avec de l'huile ou une graisse quelconque) dans le gros intestin qu'on appelle *rectum*, pour le fouiller, en retirer les crottins durs et recuits ; ensuite on donnera deux ou trois lavemens rafraîchissans, et les douleurs disparoîtront.

Dans les tranchées occasionnées par la présence des vers, les symptômes paroissent de longue main ; comme par exemple : le cheval mange beaucoup et avec voracité, et malgré une nourriture abondante il devient maigre ; il paroît morne, triste, et son poil, malgré un pansement assidu, devient terne et hérissé ; il regarde souvent son ventre, comme s'il vouloit indiquer le siège de son mal. Il rend quelquefois des vers dont plusieurs s'attachent au fondement; et si on n'apporte point remède dès le principe, la vermine est capable d'occasionner des tranchées qui pourroient faire périr le cheval.

M. La Fosse conseille de faire prendre au cheval trois ou quatre fois, de la suie de cheminée à la dose d'un hectogramme (trois onces) délayée dans deux décalitres de lait, en laissant un jour d'intervalle entré les prises.

M. de la Guerinière conseille de mettre dans l'avoine, trente grammes (une once) de fleur de soufre et la même dose d'antimoine cru en poudre.

L'un et l'autre de ces remèdes peuvent également produire un heureux effet; néanmoins nous accordons la préférence à celui de M. La Fosse.

Dans les tranchées causées par une boisson d'eau donnée trop froide, les douleurs sont encore assez vives mais de courte durée; le cheval se couche, se plaint beaucoup et se roule parfois, ensuite il se relève et regarde son flanc.

M. Desplass conseille les lavemens et les boissons chaudes et adoucissantes, comme une infusion de sureau ou de camomille, dans laquelle on ajoutera de l'eau de mélisse, à la dose de trois ou quatre cuillerées à bouche par litre, suivant la structure du cheval; ou bien quatre à huit grammes d'éther sulfurique. Dans les tranchées occasionnées par la rupture de l'estomac, le cheval rend ordinairement les excrémens par la bouche; ces sortes de tranchées sont mortelles et sans remèdes.

Dans celles appelées *tranchées rouges*, le cheval est tellement tourmenté, que les vives douleurs qu'il éprouve ne lui laissent pas un instant de repos. Les breuvages et les lavemens antispasmodiques sont conseillés, mais la plupart du temps ils ne font aucun effet, et le cheval finit toujours par périr.

Nous conseillons aux cavaliers qui auroient des chevaux sujets aux tranchées ou coliques, de s'en défaire.

ART. 7.

De la pulmonie ou phthisie pulmonaire.

Cette maladie est un desséchement du poumon, et par conséquent une atténuation de la vie dans l'organe pulmonaire; elle est ordinairement la suite des inflammations au poumon.

Le cheval qui en est affecté, est triste, langoureux, dégoûté; il maigrit, a une toux sèche; et lorsqu'on approche l'oreille auprès de sa tête, on entend un sifflement. On a remarqué que le cheval jette ordinairement par les naseaux une matière épaisse, tantôt grisâtre, tantôt d'un blanc tirant un peu sur le jaune.

Jusqu'à présent on n'est point encore parvenu à guérir cette maladie. Il est donc inutile d'appeler un vétérinaire, qui ne pourroit administrer que des palliatifs et par là occasionner des dépenses superflues.

Art. 8.

De la fortraiture.

Une fatigue excessive peut rendre un cheval fortrait ; cette maladie est toujours accompagnée d'un grand échauffement ; elle s'annonce par la perte de l'appétit résultant d'une douleur qui est l'effet d'une contraction spasmodique des muscles du bas ventre.

Le cheval qui est atteint de la fortraiture a les flancs creux et tendus ; son poil est hérissé, sa fiente est dure et noire comme si elle étoit brûlée.

Dès qu'on s'aperçoit de cette maladie, il faut laisser le cheval en repos, le mettre à un régime humectant et adoucissant. On pourra par exemple, lui donner du son bien humecté, et l'abreuver avec de l'eau blanche dans laquelle on mêlera une décoction de mauve, de guimauve, de pariétaire ou de mercuriale ; on donnera aussi deux ou trois lavemens émolliens par jour ; il est quelquefois bon de saigner le cheval après l'avoir laissé reposer pendant plusieurs jours.

Lorsqu'on fait usage à temps des remèdes que nous venons d'indiquer, la présence d'un vétérinaire devient superflue ; néanmoins et en ce qui concerne la saignée, il ne faut pas la faire pratiquer sans le conseil d'un vétérinaire.

Art. 9.

De l'effort des reins.

Il faut considérer l'effort des reins comme une extension des ligamens qui servent d'atache aux dernières vertèbres dorsales et aux

vertèbres lombaires, accompagnée d'une violente contraction de plusieurs muscles du dos
et des lombes. Il est ordinairement occasionné
par une chute, ou par une valise trop pesante;
le cheval en voulant sortir d'un mauvais pas,
ou en glissant, ou en se relevant de dessus sa
litière dans une écurie pavée, peut aussi se
causer un effort de reins.

On s'aperçoit facilement de cet accident ;
car pour peu que l'effort soit violent, le cheval peut à peine faire quelques pas en avant;
il ne peut presque pas reculer, et si on vouloit l'y forcer, l'arrière-train foibliroit au
point qu'il finiroit par tomber. Si l'effort
n'est pas considérable, le cheval malgré cela,
ressent toujours une forte douleur en reculant ; il se berce en marchant, et sa croupe
balance quand il trotte.

La présence d'un vétérinaire est essentielle
dans cette circonstance; mais si l'on étoit dans
l'impossibilité d'en trouver un, la première
chose qu'il conviendroit de faire en pareil cas,
c'est de prévenir l'inflammation ; on y parvient en faisant faire une saignée, en donnant quelques lavemens émolliens et rafraîchissans, et en abreuvant le cheval avec de
l'eau blanche ; ensuite on frotte les reins avec
de l'eau-de-vie camphrée; il faut surtout empêcher le cheval de se coucher, car en se relevant il pourroit s'occasionner un nouvel
effort.

Comme il est très rare que l'on parvienne
à guérir radicalement l'effort des reins , à
moins que cela ne soit qu'un léger détour,
nous conseillons de se défaire des chevaux

auxquels il seroit arrivé un pareil accident ;
car ces sortes de chevaux ne sont même pas
propres au service le plus médiocre , à plus
forte raison pour le manège et les voyages.

ART. 10.

Blessures et enflures sous la selle et sur les reins.

Les unes et les autres sont ordinairement
l'effet d'une selle trop dure ou mal construite ;
quand elles sont négligées , elles peuvent es-
tropier un cheval au point de le mettre hors
de service.

Si les cavaliers veulent suivre et se conformer exactement à ce que nous avons dit à
l'article du gouvernement et du pansement
du cheval , ils s'apercevront toujours des
blessures quand elles ne sont encore que simples ; alors et dans ce cas, il suffira de frotter
les parties affectées avec de l'eau - de - vie
dans laquelle on aura fait dissoudre du savon ;
de donner au cheval deux ou trois jours de
repos, et pendant ce temps, de faire réparer
l'endroit de la selle qui l'aura blessé. Si l'enflure ou la blessure est considérable, il faut
appeler un vétérinaire.

ART. 11.

Des contusions.

On appelle *contusion* , le mal qui survient
à la suite de l'impression prompte et violente
d'un corps rond sur les parties charnues du
cheval.

On distingue la contusion d'avec la plaie,
parce que dans le premier cas il n'y a point

de perte de substance, et que dans le second au contraire, cette perte existe.

Les contusions sont simples ou compliquées, soit en raison des lieux qu'elles occupent et des parties qu'elles intéressent, soit aussi en raison de la violence du coup et de la commotion qu'il fait éprouver au genre nerveux.

M. Rozier rapporte, d'après M. Vitet, que la seule pression de l'air agité avec violence est capable de produire des contusions; qu'on a vu des boulets de canon au milieu de leur course rapide, blesser ou tuer des chevaux sans les toucher, et sans laisser d'autres marques d'un effet si funeste, qu'une grande contusion.

Si la contusion est légère, c'est-à-dire simple, M. Rozier conseille d'y appliquer une dissolution de sel ammoniac dans l'eau commune; si elle est récente, il faut employer les spiritueux, tels que l'eau-de-vie, etc.; mais s'il y a plaie et disposition à l'inflammation, alors la contusion devient compliquée et exige la présence d'un vétérinaire, qui dans ce dernier cas ne manquera pas d'employer l'eau-de-vie camphrée. Si le coup a été violent, on conseille aussi de saigner le cheval à la jugulaire, et de répéter la saignée si l'inflammation prend de l'accroissement, puis de mettre le cheval à un régime humectant et rafraîchissant.

Les contusions qui affectent le dos, la croupe et les extrémités sont toujours dangereuses; l'exemple suivant apprendra à tous les cavaliers, combien il est utile de surveiller les personnes qu'ils chargent de soigner leurs chevaux, et surtout de ne jamais permettre à qui que ce soit de les frapper sous le prétexte de les corriger : cette attribution n'appartient qu'à un maître.

M. Rozier rapporte, qu'un mulet qui ne vouloit point se laisser ferrer fut atteint d'un violent coup de brochoir, par un garçon maréchal, sur l'épine dorsale, exactement entre la dernière fausse côte et la première vertèbre lombaire ; il tomba tout-à-coup, et perdit l'usage des extrémités postérieures.

En général, toutes les fois qu'une contusion prendra une tournure fâcheuse, et lorsqu'elle affecte le dos, la croupe, etc., il est absolument nécessaire que ce soit un homme de l'art qui en fasse l'examen, pour administrer un traitement convenable.

ART. 12.

De l'écorchure.

On appelle écorchure ou excoriation, une plaie qui ne s'étend qu'en longueur et en largeur, et qui n'a point de profondeur. Des coups portés obliquement, le froissement de la selle, un culeron mal ordonné, sont des causes qui peuvent produire des écorchures.

Quoique ces accidens ne soient que fort légers, ils font cependant éprouver de la douleur au cheval. Aussitôt qu'on s'apercevra de la plaie, il faudra commencer par la laver avec de l'eau de sel, ensuite l'étuver trois ou quatre fois par jour jusqu'à desséchement, avec de l'eau tiède dans laquelle on aura mis deux ou trois cuillerées d'huile d'olive, le tout bien battu ensemble, et cela suffira pour la guérir.

Art. 13.

De l'anthrax ou charbon.

On distingue deux espèces de charbon, savoir : le charbon externe et le charbon interne.

Le charbon externe se manifeste par une tumeur très douloureuse ; il se développe le plus souvent en vingt-quatre ou trente-six heures. Il a ordinairement son siège à l'encolure, ou au poitrail, ou aux reins, ou à la face interne des cuisses ; mais le plus souvent il a son siège à la langue, sous la forme de vessies blanchâtres. Ces petites vessies s'ouvrent quelquefois aussitôt après leur formation, et il en sort une humeur sanieuse ; il suit souvent de-là, que la langue en est rongée et qu'elle tombe en morceaux. Les autres symptômes sont les mêmes que ceux du charbon interne, que nous allons indiquer ci-après.

Le charbon interne, autrement appelé fièvre charbonneuse, fait des progrès avec une rapidité si effrayante, que souvent le cheval meurt sans qu'on ait eu le temps de s'apercevoir du moindre symptôme. Le cheval qui en est atteint est saisi subitement d'une espèce d'étourdissement ; il lève et baisse la tête, s'agite, se secoue, se plaint et hennit fréquemment ; ses yeux sont saillans et ardens ; il chancelle, tombe et enfin meurt au bout de quelques heures dans des convulsions très violentes.

Nous allons rapporter ici les remarques que nous avons faites, sur un cheval qui a péri du charbon interne ; ce cheval nous appartenoit.

J'arrivai à huit heures du soir de voyage ; aussitôt descendu de cheval je le fis soigner comme à l'ordinaire et lui fis donner sa ration qu'il mangea avec appétit, ce qui n'annonçoit pas d'indisposition. Le lendemain à six heures du matin, je me rendis auprès de mon cheval pour m'assurer si les soins que j'avois ordonnés la veille lui avoient été administrés. En entrant dans l'écurie, je trouvai dans le râtelier du foin qu'on venoit d'y jeter ; je remarquai que le cheval n'en vouloit point manger et qu'il avoit perdu l'appétit ; il avoit la tête basse, le regard ardent, et un tremblement qui ressembloit aux frissons que l'homme éprouve pendant la fièvre ; mais ce qui me frappa le plus, ce fut le hérissement du poil, sa rudesse et le hennissement qui étoit très fréquent.

J'examinai mon cheval un peu de temps dans cet état, ensuite je lui jetai dans la mangeoire un peu d'avoine qu'il ne daigna pas même regarder ; je lui présentai de l'eau, mais il ne voulut pas boire ; ensuite je m'assurai de l'état du pouls, je trouvai qu'il étoit plein et très dur. Je vis dès-lors que mon cheval se trouvoit dans une situation très dangereuse, et j'appelai de suite un vétérinaire très instruit, qui après avoir examiné mon cheval, m'annonça qu'il étoit atteint de la fièvre charbonneuse, et que dans la journée il couroit risque de périr. Je l'engageai néanmoins à mettre en usage le traitement qui convenoit à cette maladie. Il étoit sept heures du matin, le vétérinaire trouva le pouls plein et dur; en conséquence, il commença par administrer des lavemens faits d'une décoction de son, dans chacun desquels il mit deux onces de sel commun; il les réitéra toutes les deux heures, afin de procurer l'évacuation des matières fécales. A dix heures les déjections commencèrent à s'opérer avec assez de facilité; les urines étoient copieuses; ensuite il lui fit prendre un breuvage composé de chicorée sauvage, d'aloës, de sel d'epsum et d'oxymel simple; ce breuvage fut réitéré deux fois dans la journée; à huit heures du soir je m'aperçus que la respiration devenoit laborieuse; de suite je m'assurai de l'état du pouls que je trouvai foible et accéléré; au même moment le vétérinaire arriva, et en s'assurant aussi de l'état du pouls, il m'annonça que mon cheval alloit périr au bout de deux ou trois heures; qu'il alloit cependant encore placer deux sétons au poitrail. Ces sétons n'ont fait aucun effet; à onze heures et demie, le cheval fut couvert d'une sueur froide; la respiration, dès ce moment, devint si laborieuse qu'elle ressembloit à un vrai mugissement; à minuit il tomba, prit des convulsions très violentes dans lesquelles il périt au bout d'une demi heure.

Le lendemain le vétérinaire fit faire l'ouverture du cadavre en ma présence, afin de s'assurer du caractère du charbon. Nous reconnûmes que le sang dans les gros vaisseaux étoit noir et charbonné ; que les poumons étoient tachés de noir et qu'ils étoient gorgés d'un sang noir et épais ; que le foie et la rate étoient gangrenés ; que le cœur, le diaphragme, les intestins et principalement le côlon étoient aussi tachés de noir.

Nous pourrions peut-être reprocher au vétérinaire de ne pas avoir usé, dès l'origine, de camphre et de quinquina.

Il paroît que les deux espèces de charbon reconnoissent pour causes la rouille des foins et des pailles, les fourrages donnés avant qu'ils aient jeté leur feu, l'eau bourbeuse, croupissante, et quelquefois l'eau de puits froide et crue, enfin les écuries humides et tenues mal-proprement.

Lorsque le charbon règne dans un pays où l'on réside, il faut s'empresser de faire administrer des remèdes préservatifs. M. Chabert, directeur de l'école vétérinaire royale d'Alfort, et M. Fromage qui étoit professeur à la même école, conseillent de passer un séton ou deux dans l'épaisseur des muscles pectoraux, de les oindre d'onguent vésicatoire, ou d'introduire dans les parties vives un morceau d'ellébore macéré dans le vinaigre ; ce qui occasionnera une tumeur au bout de vingt-quatre ou trente heures. Si cependant la tumeur ne se formoit pas, ce seroit un signe que la vitalité s'éteint ; il faudroit alors user d'un moyen plus actif encore : c'est de placer dans les muscles pectoraux, gros comme une fève ordinaire, de sublimé corrosif, que l'on attache à un séton. Pendant tout le temps du traitement le régime est de rigueur ; on ne manquera pas surtout de nettoyer l'écurie matin et soir ; de bien étriller, bouchonner et brosser les chevaux ; en un mot, de les tenir dans la plus grande propreté. On les promenera, on leur donnera peu d'alimens, mais de bonne qualité, et on les abreuvera d'eau courante s'il est possible ; tous les jours on devra examiner toutes les parties du corps du cheval pour s'assurer s'il ne se manifeste aucun des symptômes de cette maladie.

Quant à la désinfection et à la déclaration à faire, voyez ce que nous avons dit à l'art. *du mal de tête-contagion.* Nous prévenons en outre que les harnois, et particulièrement les brides qui ont servi à un cheval attaqué du charbon, devront être détériorés et mis hors de service ; le fumier devra être brûlé.

Mais ce n'est pas le tout que de mettre à l'abri de la contagion les chevaux ; les hommes qui soignent les animaux attaqués du charbon, n'ont pas moins de précautions à prendre, pour ne pas en être quelquefois la victime.

En principe général, il faut avoir soin lorsqu'on a touché un cheval attaqué du charbon, de ne pas se toucher la figure ni l'intérieur du nez, et surtout de ne pas priser de tabac avant d'avoir lavé ses mains dans le vinaigre ; de ne jamais toucher les instrumens qui auront servi au vétérinaire pour les opérations du charbon, de crainte de se blesser, et par ce moyen s'invétérer le mal. Si cependant un pareil accident arrivoit, il faudroit de suite appeler un chirurgien, se faire

couper le tour de la plaie et se la faire cau-
tériser.

Art. 14.

De la pleurésie ou fluxion de poitrine.

On distingue deux espèces de pleurésies ,
savoir : la vraie pleurésie et la fausse pleurésie.

Dans la vraie pleurésie le cheval est saisi
par une fièvre avec des frissons et un tremblement ; ensuite de cela il se manifeste de
la chaleur.

On distingue de quel côté siège le mal ,
par le plus ou moins de sensibilité que le cheval éprouve lorsqu'on lui passe la main à re-
brousse-poil sur les côtes.

Lorsque le cheval tousse, il éprouve de si
fortes douleurs, qu'à peine il peut se porter
sur ses jambes de devant, et chaque fois qu'il
fait un mouvement, il se plaint beaucoup.
Le pouls est ordinairement dur et accéléré ,
les urines sont chargées et rougeâtres.

Une sueur rentrée , un travail outré , une
boisson d'eau froide donnée pendant que le
cheval a chaud, l'habitation dans une écurie
humide et mal-saine sont les causes ordinaires qui produisent la vraie pleurésie.

La première chose qu'on ait à faire en pareille circonstance , c'est d'appeler un vétérinaire ; si cependant on étoit dans l'impossibilité de s'en procurer un avant trois ou quatre
jours, il faudroit commencer de suite par
mettre le cheval à un régime léger et lui donner une boisson rafraîchissante et délayante,

comme par exemple, une décoction de figues
et d'orge, à laquelle on peut encore ajouter
des raisins secs, ou bien une décoction d'orge
perlée.

On ne laissera boire le cheval de cette boisson que peu à la fois, mais on lui en donnera
souvent pour lui tenir la bouche et le gosier
humectés ; on donnera aussi par jour, deux
ou trois lavemens faits avec une décoction
de graines de lin. Si alors au bout de deux ou
trois jours le vétérinaire n'arrive pas, que le
cheval continue à avoir la fièvre et à éprouver une douleur violente au côté, si le pouls
est dur et vîte, si la respiration est difficile,
que le cheval n'expectore point, et surtout
s'il n'existe point d'évacuation sanguinolente, il faudra faire appeler un maréchal
adroit et prudent, lui ordonner de faire une
saignée de deux ou tros livres de sang, selon
la complexion du cheval. Néanmoins, nous
ne conseillons pas de faire répéter la saignée,
à moins qu'un vétérinaire n'en reconnoisse
l'utilité ; car on peut diminuer la viscosité du
sang par le remède suivant, qui est conseillé
par M. Rozier : on fait bouillir dans une quantité suffisante d'eau, fleurs de mauve, de camomille, de sureau, deux poignées de chaque ; on les met ainsi bouillies dans un sac
de toile qu'on applique tout chaud sur le côté
et l'endroit où siège la douleur ; ensuite on
jette sur le cheval une couverture légère que
l'on assujettit par le moyen d'un surfaix. A
mesure que ce topique se refroidit, on a soin
de l'humecter avec la décoction de ces mêmes
fleurs qu'on ne manquera pas de tenir tou-

jours chaude ; il faut aussi avoir grand soin
que le cheval ne prenne pas le froid pendant
tout le temps que ce remède sera appliqué.

La fausse pleurésie n'est pas dangereuse
lorsqu'on ne lui donne pas le temps de se
jeter sur les parties internes. Elle commence
ordinairement par une toux sèche ; le pouls
est vif, mais il est quelquefois lent et concen-
tré lorsque la maladie reconnoît pour causes
les flatuosités ; et dans ce cas le cheval éprouve
de fortes douleurs, et sa respiration est
gênée.

Quand la fièvre n'augmente pas, il suffit
de donner des boissons délayantes et sudori-
fiques, telles qu'une infusion de sureau ; mais
si la maladie résiste, il sera prudent d'appeler un vétérinaire pour recourir à la saignée
et aux vésicatoires.

La fausse pleurésie reconnoît en général
les mêmes causes que la vraie pleurésie.

Art. 15.

De la paraphrénésie.

La paraphrénésie a beaucoup de rapport
avec la pleurésie ; elle consiste dans l'inflammation du diaphragme.

Le symptôme de cette maladie est une fièvre aiguë, accompagnée d'une forte douleur
dans le diaphragme. Lorsque le cheval tousse,
lorsqu'il urine et qu'il rend ses excrémens,
la douleur augmente ; sa respiration est courte, fréquente et laborieuse. Souvent le cheval tombe dans une espèce de délire et devient
furieux.

Les progrès de cette maladie sont plus rapides et plus funestes que ceux de la pleurésie ; c'est pourquoi il faut, dès qu'on s'apercevra des signes de la paraphrénésie, appeler un vétérinaire, afin qu'il puisse administrer sur-le-champ les remèdes propres à empêcher la suppuration du diaphragme.

Voici ce que dit à ce sujet M. Rozier : « Si « le diaphragme vient à suppurer, l'abcès se « rompt, la cavité de l'abdomen est inondée « de pus qui, venant à se putréfier, à s'a- « masser et s'accumuler de plus en plus, « ronge lés viscères, produit une consomp- « tion et la mort. »

Dans tous les cas, et en attendant la présence d'un vétérinaire, on ne risquera rien de donner des lavemens émolliens faits avec une décoction de graines de lin ; on y ajoutera quatre jaunes d'œufs délayés dans quatre cuillerées d'huile d'olive ; ils pourront produire le relâchement des intestins et éloigner l'humeur du diaphragme.

ART. 16.

Du catarre.

Le catarre ordinaire a tellement d'affinité avec la morfondure, qu'il est inutile d'entrer dans d'autres détails ; et à cet égard nous renvoyons à ce que nous avons dit à l'art. *Morfondure*.

Mais le cheval est encore sujet à un autre catarre qui est quelquefois épizootique, et qui a souvent des suites très dangereuses.

Nous avons vu un cheval qui étoit attaqué

de cette espèce de catarre, et nous allons
rapporter exactement les différentes remarques que nous avons faites pendant la durée
de la maladie. Le premier jour il y avoit foiblesse et mal-aise ; le cheval s'ébrouoit fréquemment ; l'ébrouement étoit suivi d'un
écoulement par les naseaux d'une humeur
âcre et claire ; le second jour il avoit manifesté un peu de dégoût ; le troisième jour il
avoit totalement perdu l'appétit et ne s'é-
brouoit plus si souvent ; quand l'ébrouement
avoit lieu, il sortoit par un des naseaux une
humeur épaisse et verdâtre. En demandant
au vétérinaire pourquoi l'écoulement n'avoit
lieu que par un des naseaux seulement, il
nous a répondu que les glandes lymphatiques
de dessous la ganache n'étant encore tumé-
fiées que d'un côté, le flux ne pouvoit par
conséquent avoir lieu que de ce même côté ;
les quatrième et cinquième jours, le cheval
se trouvoit dans le même état ; le sixième
jour le flux a eu lieu par les deux naseaux,
ce qui annonçoit que les glandes étoient entièrement engorgées ; le septième jour le cheval se trouvoit dans le même état ; depuis le
huitième jour jusqu'au douzième, les ébroue-
mens avoient cessé ; la respiration se trouvoit gênée ; le cheval toussoit de temps en
temps et jetoit par les naseaux une humeur
épaisse et jaunâtre ; mais nous avons remarqué que le douzième jour l'humeur étoit devenue blanche ; les treizième et quatorzième
jours, la tuméfaction et le flux commen-
çoient à diminuer sensiblement, et le cheval
avoit repris un peu d'appétit ; enfin, les quin-

zième et seizième jours, l'insensible transpiration s'est peu à peu rétablie, et le cheval a repris sa gaieté ordinaire.

Dès le premier jour, le vétérinaire avoit ordonné que le cheval fût mis au régime, et ne lui avoit fait donner pour toute nourriture que de la paille et du son. Pendant tout le temps de la maladie, il n'a administré que des remèdes adoucissans et mucilagineux, tels que la guimauve, la mauve, ensuite les délayans ; mais nous avons surtout remarqué que le kermès minéral donné avec du miel avoit produit un très bon effet.

Dans tous les cas, la saignée devra être interdite, à moins qu'on ne la fasse faire dans les vingt-quatre heures de l'invasion du mal, et que le vétérinaire n'en reconnoisse la grande utilité; car il seroit à craindre que l'humeur catarrale ne se fixât sur le poumon et ne finît par faire périr le cheval.

Le catarre reconnoît pour causes une sueur rentrée, la suppression de l'insensible transpiration, les eaux crues et glacées qu'on donne à boire au cheval pendant qu'il a chaud, et la répercussion d'une maladie cutanée.

ART. 17.

De la diarrhée.

Cette maladie consiste dans des évacuations fréquentes des matières fécales sous une forme très liquide.

Tout ce qui est capable de dépraver les sucs

digestifs, de troubler la digestion et d'affoiblir l'estomac, peut occasionner la diarrhée.

Le cheval est ordinairement saisi par cette
maladie, lorsqu'après avoir eu bien chaud il
boit de l'eau bien froide, ou après avoir
mangé une trop grande quantité d'herbes
bien jeunes.

Nous avons remarqué que dans cette espèce de diarrhée, le cheval ne perdoit ordinairement point l'appétit, et qu'il mangeoit
et buvoit tout aussi bien que de coutume. Il
arrive cependant quelquefois que les forces
musculaires diminuent, et qu'alors cette maladie est accompagnée d'un peu de fièvre,
de tristesse et de dégoût ; qu'à la sortie des
matières fécales, le cheval éprouve des tranchées, ce qui pourroit annoncer qu'il existe
de l'inflammation dans les intestins. Dans ce
cas, il faut apaiser la chaleur par un breuvage mucilagineux, qu'on administrera deux
fois par jour ; en voici un conseillé par M.
Rozier : prenez trente grammes (une once)
de racines d'althéa, et 60 grammes de graine
de lin ; faites bouillir le tout ensemble dans
environ deux kilogrammes (quatre livres)
d'eau commune, jusqu'à ce que la graine de
lin soit crevée.

Pendant tout le temps que durera le traitement, on ne devra nourrir le cheval qu'a-
vec du son mouillé et du bon foin.

Si, malgré ce remède, la diarrhée continuoit ; si en rendant les matières fécales, le
cheval éprouvoit de fortes coliques, et si ces
mêmes matières étoient ensanglantées, cela
annonceroit presque la dyssenterie ; alors il

faudroit sans le moindre retard appeler un vétérinaire.

ART. 18.

De la fièvre bilieuse.

Cette maladie s'annonce par la perte de l'appétit, la tristesse, et par un battement de flancs occasionné par la fièvre ; les pulsations sont foibles et fréquentes ; le blanc des yeux, la langue et les gencives deviennent jaunes. Lorsque cette maladie est négligée, elle se termine ordinairement au bout de six ou sept jours par la gangrène. En pareil cas il ne faut pas perdre un temps précieux à s'amuser à administrer des remèdes préparatoires ; mais il faut appeler de suite un vétérinaire afin de placer des vésicatoires et combattre la maladie dès sa naissance avec le quinquina, le camphre et l'aloës; quelquefois vingt-quatre heures de retard peuvent occasionner la mort du cheval.

CHAPITRE III.

Des maladies de l'arrière-main.

ART. 1.er

De l'effort de cuisse.

L'EFFORT de cuisse provient communément d'une chute ou d'un écart. Il paroît que dans cet accident, les muscles de la cuisse souffrent beaucoup, et qu'il peut même y avoir rupture de plusieurs fibres musculaires et de plusieurs vaisseaux sanguins, ce qui rend le mal assez dangereux et surtout long à guérir.

Le cheval qui a fait un effort de cuisse boite plus ou moins ; il baisse un peu la hanche en marchant, et traîne toute la partie affectée.

En conséquence, dès qu'on apercevra de la claudication dans cette partie, il faudra de suite appeler un vétérinaire ; car en pareil cas, une saignée plus ou moins répétée devient indispensable. Si le cheval a de la fièvre, M. Rozier conseille de lui administrer des lavemens émolliens, de le tenir au son mouillé et à l'eau blanche ; de faire bouillir dans du gros oing des résolutifs aromatiques, tels que la sauge, l'absinthe, la lavande et le romarin ; de fomenter avec cela, trois fois par jour, pendant un gros quart d'heure chaque fois, l'endroit où siège le mal ; ensuite de faire des frictions résolutives avec l'eau-de-vie camphrée et ammoniacale.

Sans doute le remède que nous venons d'indiquer d'après M. Rozier, est très bon, et peut produire un résultat très avantageux ; mais il faut, pour obtenir le succès qu'on doit en attendre, que le mal n'ait pas été négligé ni maltraité dans son principe ; car si cela étoit ainsi, ni les fomentations les plus résolutives, ni les frictions les plus spiritueuses ne seroient capables de rétablir le cheval dans son premier état.

Dans ce cas, il ne resteroit donc plus d'autres moyens que d'en venir à l'application du feu ; et c'est ce remède que nous conseillons, plutôt que de faire usage d'un amas de drogues dont la vertu deviendroit inutile et la dépense onéreuse.

ART. 2.

De l'effort du jarret.

L'effort du jarret mérite une attention particulière ; car tous les cavaliers savent que c'est dans cette partie que siège, pour ainsi dire, la force de l'arrière-main. Ainsi donc, pour peu que le jarret soit affecté d'une incommodité quelconque, la force et le jeu n'en sont plus les mêmes, et par conséquent on ne peut plus exiger du cheval les mêmes services qu'on avoit droit d'attendre de lui avant l'accident.

Une chute, un arrêt subit donné au cheval lorsqu'il est au galop, et enfin toutes les circonstances qui peuvent le forcer de s'acculer avec violence, sont capables d'occasionner l'effort du jarret.

Dans ce cas, la première chose qu'un cavalier ait à faire, c'est de conduire le cheval dans une rivière, où il le laissera environ une demi-heure ; au sortir de la rivière, il fera sur-le-champ appeler un vétérinaire pour faire une saignée et ordonner les fomentations ou les cataplasmes nécessaires, car il seroit dangereux de faire usage d'une application de remèdes sans avoir égard à l'état actuel de la partie affectée ; ce n'est donc qu'un homme de l'art qui peut faire une juste application des remèdes et les administrer convenablement.

17

Art. 3.

Du capelet.

Le capelet est une tumeur plus ou moins grosse ; elle est mouvante, a son siège sur la pointe du jarret, et n'intéresse que l'épaisseur de la peau.

Un travail outré, les frottemens de la pointe du jarret contre un corps dur, les coups, sont les causes qui produisent ordinairement ce mal.

Le capelet ne nuit pas absolument à la bonté du cheval, et l'oblige rarement, pour ne pas dire jamais, de boiter ; surtout lorsqu'il ne reconnoît pour causes que celles que nous venons d'indiquer, et qu'il n'est pas négligé dès son principe.

En conséquence, dès qu'il se manifestera la moindre apparence de cette tumeur, il faudra la frictionner avec de l'eau-de-vie camphrée ; cela suffira pour la faire disparoître. Cependant on a vu que souvent, malgré l'usage de ce remède, la tumeur résistoit encore, et que bien loin de se dissiper, elle prenoit au contraire de l'accroissement et de la consistance ; dans ce cas, il faut appeler un vétérinaire pour faire l'application du feu.

Quelquefois une gourme mal jetée donne aussi lieu au capelet ; alors il faut que la maladie principale soit traitée avec des remèdes internes, avant d'en venir à l'usage des remèdes externes, c'est-à-dire, que le vétérinaire devra user du traitement propre à la gourme.

Art. 4.

De la courbe.

La courbe est infiniment plus à craindre que le capelet, parce que tôt ou tard il faut toujours en venir à l'application du feu.

La forme de la courbe est oblongue ; elle annonce sa présence par un gonflement qui survient à la partie inférieure de l'os de la jambe, qui joint l'*os de la poulie* (1).

Un effort dans le jarret, un exercice forcé, produisent ordinairement ce mal ; les fibres des ligamens étant alors tiraillés et fatigués, perdent leur ressort et occasionnent la stagnation de la lymphe qui devient nécessairement dure et squirreuse, ce qui fait boiter le cheval.

Dans tous les cas, dès la moindre apparence de la courbe, il faut de suite user des émolliens en cataplasmes et en fomentations, et par la suite, comme le conseille M. Rozier, faire des frictions résolutives avec de l'eau-de-vie camphrée et des frictions mercurielles.

Si alors tous ces remèdes ne font point d'effet, il faudra en venir à l'application du feu.

Art. 5.

Du vessigon.

Le vessigon est une tumeur molle, plus ou moins volumineuse qui affecte le jarret, et

---

(1). On appelle os de la poulie, la rotule du jarret.

qui cependant n'occasionne que rarement de la douleur. Il a son siège entre la partie inférieure et latérale de l'os de la jambe, appelé tibia, et la corde tendineuse qui passe sur la pointe du jarret.

Tantôt le vessigon se manifeste à la face interne, tantôt à la face externe, et quelquefois des deux côtés en même temps ; dans ce dernier cas, on l'appelle *vessigon chevillé*.

Les causes qui donnent lieu à ce mal, sont: des efforts, des arrêts subits, donnés lorsque le cheval est au grand trot ou au galop; mais ce qui produit le plus souvent cette tumeur, c'est lorsqu'un cavalier ignorant veut faire croire, en mettant son cheval sur les hanches et en cherchant sans cesse à le rassembler pour lui donner un prétendu air relevé, sans user, ni des principes, ni de modération; lorsqu'il veut par là faire croire, disons-nous, qu'il est écuyer parfait. Il est aisé de concevoir que toutes les fois qu'on met un cheval sur les hanches, il existe une contention dans les jarrets, qui, lorsqu'elle est occasionnée souvent, finit par produire non seulement le vessigon simple, mais bien le vessigon chevillé.

Dès que le vessigon paroît, il faut employer les frictions spiritueuses. M. Desplass conseille l'eau-de-vie camphrée, l'essence de térébenthine, la teinture de cantharides, l'ammoniac uni à l'huile d'olive, et l'emplâtre vésicatoire. Il conseille en outre, et en cas que ces remèdes ne produisent pas l'effet désiré, d'appliquer le feu en raies, entre lesquelles on sème des pointes, ou en pointes seulement, et de recouvrir le tout d'un emplâtre de résine fondue, qu'on applique chaude sur la partie, en observant cependant de ne pas employer cette résine assez chaude pour qu'elle brûle.

Art. 6.

De la varice.

On appelle varice le gonflement contre nature d'une veine quelconque. La veine appelée saphêne, qui passe sous le jarret, est la plus sujette à cette maladie.

M. Rozier a dit : « Le nom de varice est « particulièrement restreint , en marécha- « lerie, à signifier un gonflement de la par- « tie latérale interne du jarret. Ce gonfle- « ment n'est autre chose qu'un relâchement « des ligamens capsulaires de l'articulation. « Le feu appliqué par pointes, est le remède « le plus propre à le guérir. »

Art. 7.

De l'anévrisme.

Commun aux trois parties du corps.

On appelle anévrisme, la dilatation de la tunique d'une artère.

Lorsque ce mal n'augmente pas, le cheval peut vivre et continuer son service ; mais lorsqu'il augmente progressivement, la tunique devient tellement mince, qu'elle finit par se rompre ; alors le cheval périt par une hémorragie.

Comme toutes les artères sont exposées à l'anévrisme, cette maladie se manifeste par conséquent intérieurement et extérieurement ; dans le premier cas, on ne peut que la supposer ; dans le second, on la reconnoît par une tumeur molle plus ou moins grande ; et lorsqu'on la touche avec un doigt, on y sent une espèce de mouvement de pulsation.

Il paroît que jusqu'à présent on n'a point encore découvert d'une manière certaine les causes de l'anévrisme ; nous savons seulement que les coups et les piqûres sur les artères peuvent y donner lieu.

L'anévrisme interne est incurable ; celui externe exige une opération aussi dangereuse que difficile à exécuter : elle consiste dans la ligature de l'artère. Cette opération ne devra être confiée qu'à un vétérinaire expérimenté.

Nous n'avons jamais été à même de voir des chevaux attaqués d'anévrismes ; mais nous avons vu un bœuf attaqué d'un anévrisme externe qui lui étoit survenu à la suite d'un coup d'aiguillon qu'il avoit reçu de son conducteur. D'après les renseignemens que nous avons pris auprès du propriétaire, il paroît que dans peu de jours l'anévrisme étoit arrivé à une grosseur considérable, qui a fait périr l'animal au bout de quelques jours, par une hémorragie. Quant à l'homme qui l'avoit soigné, il nous a paru être un maréchal de la campagne très ignorant et qui ne savoit pas seulement ce que c'est qu'une artère ; de sorte que nous n'avons

pu tirer de lui aucun renseignement satis-
faisant.

ART. 8.

Des eaux aux jambes.

Les chevaux de tout âge sont sujets à cette
maladie ; les uns, parce qu'ils n'ont pas jeté
les gourmes, ou qu'ils ne les ont jetées qu'imparfaitement ; et les autres, parce qu'ils ont
été élevés dans des pays marécageux. Ces
derniers ont toujours les jarrets gras et les
jambes chargées de poils : circonstances qui
ne contribuent pas peu à ce mal.

Cette maladie se manifeste ordinairement
par un écoulement d'une humeur fétide,
aux jambes de derrière, qui commence d'a-
bord par suinter à travers les pores de la
peau. C'est le paturon qui est la partie qu'elle
attaque la première ; ensuite, et à mesure
que le mal fait des progrès, il s'étend, monte
jusqu'au boulet, et même jusqu'au milieu du
canon. Alors la peau devient blanchâtre,
se détache et tombe par morceaux ; l'enflure
de la partie attaquée, d'où il résulte communément une douleur assez vive, fait que le
cheval boite.

On sent bien, d'après ce que nous avons
dit plus haut, qu'il faut commencer par
l'usage d'un traitement interne, et ne pas
suivre les conseils de ces maréchaux ignorans, qui, pour montrer leur savoir-faire
aux personnes crédules et sans expérience,
ne font autre chose que de chercher à dessécher la plaie : moyen fatal, et qui par la
suite peut occasionner des maladies mor-

telles, comme, par exemple, la morve, le farcin, etc. ; mais en s'adressant à des vétérinaires, on ne risque pas un pareil danger.

M. Tessier conseille de faire une saignée à la jugulaire ; de donner, le même soir du jour de la saignée, un lavement émollient, afin de disposer le cheval à un breuvage purgatif qu'on devra lui administrer le lendemain matin. Il recommande de ne pas omettre d'y faire entrer du *mercure doux*, autrement de l'*alquila alba*.

Pendant tout le temps que durera le traitement interne, il faudra avoir soin de couper le poil et de tenir la partie attaquée propre, afin que la matière corrompue puisse fluer facilement.

Dès que l'enflure se dissipera et que la partie attaquée se desséchera d'elle-même, cela annoncera que le cheval est suffisamment purgé. Dans cette supposition, M. Tessier conseille de laver la plaie avec du vin chaud, et de la maintenir nette et propre ; en cas qu'il y ait encore un léger écoulement, de substituer au vin de l'eau-de-vie et du savon ; et si le flux étoit plus considérable, de bassiner la partie affectée avec de l'eau dans laquelle on aura fait bouillir de la couperose blanche et de l'alun, ou avec de l'eau seconde ; ensuite il faudra repurger le cheval pour la dernière fois.

Art. 9.

De l'éparvin ou épervin.

Le cheval est sujet à deux sortes d'éparvins, savoir ; l'éparvin sec et l'éparvin calleux.

L'éparvin sec se reconnoît par une flexion convulsive et précipitée de la jambe du cheval qui en est attaquée. Ce mouvement irrégulier qui s'opère dans la jambe du cheval lorsqu'il la met en action, s'appelle *harper*.

Il est rare que ce mal fasse boiter le cheval, excepté cependant quand il fait les premiers pas. On aperçoit alors un léger mouvement de claudication ; mais au fur et à mesure que le cheval s'échauffe, la claudication diminue et finit par disparoître.

Quelques auteurs ont prétendu que ce mal avoit son siège dans l'articulation du jarret ; mais l'expérience a démontré à M. Rozier que c'étoit dans les muscles même qui servent au mouvement de flexion, ou dans les nerfs qui y aboutissent. Il a dit à cet égard : « Si le cheval paroît boiter au bout d'un certain temps, la claudication ne peut pas être l'effet de cette affection, mais de quelque autre maladie qui survient ordinairement au jarret fatigué par la continuité de l'action forcée qui résulte de la flexion convulsive dont il s'agit. »

Comme cette sorte d'éparvin ne nuit pas absolument aux services qu'on peut exiger d'un bon cheval, on peut conserver ces sortes de chevaux sans inconvéniens.

On appelle éparvin calleux, une tumeur calleuse qui a son siège à la partie supérieure latérale et interne de l'os du canon. Ainsi, l'on peut dire que l'éparvin calleux est à l'os du canon ce que la courbe est au jarret. Nous prions le lecteur de revoir l'art. *de la courbe* ; quant au traitement, il est le même.

Art. 10.

Des crevasses.

On appelle crevasses, des gerçures ou des fentes qui surviennent dans les plis des paturons, tant à ceux de devant qu'à ceux de derrière, desquelles il suinte des eaux d'une fort mauvaise odeur. Souvent elles sont accompagnées d'enflure et d'une inflammation plus ou moins forte.

Ordinairement les crevasses reconnoissent les mêmes causes que les eaux aux jambes et la crapaudine humorale, desquelles elles sont la suite inévitable ; et dans ce cas, il faut faire le même traitement.

Il arrive aussi quelquefois, lorsqu'un cheval a marché pendant plusieurs jours dans des boues âcres, sans qu'on ait eu la précaution de lui laver les jambes tous les soirs, qu'il lui survient des crevasses. Dans ce cas, il suffira de couper le poil dans le pli des paturons affectés, de laver pendant trois ou quatre jours cette partie avec de l'eau tiède, afin de la tenir proprement ; ensuite on fera des lotions composées d'eau tiède, dans laquelle on aura fait dissoudre un peu de savon ordinaire. On y ajoutera une cuillerée d'huile d'olive : le tout bien mêlé ensemble. On continuera ainsi les lotions trois fois par jour, jusqu'à entier desséchement, ce qui arrive ordinairement au bout du troisième ou quatrième jour. Pendant tout le temps que dureront les lotions, le cheval ne devra pas marcher dans la boue ; en un mot, il devra être tenu dans la plus grande propreté.

ART. II.

Du fic ou crapaud.

Commun à l'avant-main.

Le fic est une tumeur molle et spongieuse, insensible, sans chaleur, et qui a son siège à la partie inférieure du pied.

Ce mal reconnoît plusieurs causes, comme, par exemple, le séjour dans une écurie toujours pleine de fumier ; l'âcreté des boues dans lesquelles le cheval est obligé de marcher journellement : mais il y en a une surtout, et qui est la plus ordinaire, c'est lorsque des eaux aux jambes ont été guéries sans qu'on ait usé d'un traitement convenable et méthodique. Aussi voit-on le plus souvent le fic être la suite de cette maladie.

Les chevaux qui ont les talons hauts et la fourchette petite, sont plus exposés à ce mal que les autres ; en conséquence, raison de plus pour empêcher que des maréchaux ignorans parent la fourchette. D'ailleurs, l'expérience nous a démontré que les fics sont très rares dans les talons bas et dont la fourchette porte à terre.

On distingue deux espèces de fic, savoir : le fic benin et le fic grave.

On entend par fic benin, celui qui n'attaque que la fourchette, tandis que le fic grave attaque la fourchette, la sole charnue, la chair cannelée des talons et celle des quartiers. Dans ce dernier cas le cheval boite.

Pour bien guérir le fic il faut un soin particulier, et que ce soin ne soit confié qu'à un vétérinaire.

D'abord, dans le fic benin, il convient simplement de dessoler le cheval pour extirper la racine du mal. Cette opération étant faite, M. Rozier conseille d'appliquer sur la plaie des petits plumasseaux imbibés d'essence de térébenthine, observant de faire compression surtout à l'endroit de la fourchette.

L'appareil se lève ordinairement au bout de cinq jours ; alors on panse la plaie avec l'onguent égyptiac, et le reste de la sole avec la térébenthine, jusqu'à entière guérison.

Dans le fic grave le mal est des plus sérieux, parce qu'il provient ordinairement de la corruption des humeurs qui circulent dans le pied.

Nous avons vu un cheval qui, indépendamment du fic qu'il avoit à la fourchette, avoit en même temps des eaux aux jambes. Le vétérinaire a commencé par combattre la maladie principale (eaux aux jambes), avant d'entreprendre la cure du fic ; en effet, sans cette méthode, la cérosité âcre s'écoulant des eaux du paturon dans le pied, ne pouvoit que s'opposer à la guérison radicale du fic.

Dès qu'il y a apparence de cette maladie, on doit de suite appeler un vétérinaire ; car il se présente ordinairement nombre d'opérations très délicates et très difficiles à exécuter.

DICTIONNAIRE

*Des termes de l'art employés dans la
troisième partie.*

Abcès, collection de pus formée dans le
tissu cellulaire.

Abdomen, signifie le bas ventre.

Abdominal, ale, qui appartient à l'abdomen ; viscère *abdominal*, muscles *ab-
dominaux*.

Acrimonie, âcreté, humeur âcre.

Adhérent, ente, liaison, union d'une
chose à une autre.

Aloès soccotrin, drogue employée à petites doses comme tonique et fondant ; à plus
fortes doses elle est purgative. Elle est souvent employée dans les lavemens, parce
qu'elle stimule spécialement les gros intestins.

Althéa ou Guimauve : toutes les parties
de cette plante sont émollientes ; les racines
sont extrêmement mucilagineuses.

Antispasmodique, remède contre les
spasmes.

Armand, remède propre à redonner de
l'appétit et des forces à un cheval convales-
cent. Il est composé de pain émietté imbibé
de verjus et de miel rosat ou commun. On en
fait une pâte qu'on met sur le feu pendant
un quart d'heure ; ensuite on y ajoute des
clous de girofle et de la cannelle pulvérisés,
et de la cassonade.

Aromates, drogues odoriférantes, végétaux qui exhalent une odeur forte et agréable.

Aromatique. On donne ce nom aux plantes qui contiennent un principe volatil plus ou moins odorant et agréable.

Aromatiser, mêler des aromates à quelque chose.

Artère. On entend par artères, les vaisseaux qui partent des ventricules du cœur, en reçoivent le sang et le distribuent dans les autres vaisseaux avec un mouvement de pulsation.

Articulation, jointure des os.

Assa foetida. Cette substance est un des plus puissans antispasmodiques.

Astringent, ente ; médicamens propres à resserrer les fibres des solides. On les emploie pour arrêter les secrétions muqueuses trop abondantes.

Bassiner, laver avec de l'eau ou autre liqueur. Ainsi on dit : Bassiner les yeux, une plaie, etc.

Bistouri, instrument dont on se sert pour faire des incisions.

Boisson. L'eau blanche est une boisson rafraîchissante ; elle se compose d'eau ordinaire, dans laquelle on démêle de la farine d'orge. L'eau de rivière est la boisson qui convient le mieux pour abreuver le cheval.

Breuvage, potions ou médicamens donnés sous une forme liquide.

Bronchotomie, opération qui consiste à ouvrir la trachée-artère, soit pour en extraire quelque corps étranger, soit pour faire entrer l'air dans les poumons.

CALCULS, concrétions pierreuses, ou graviers qui se forment dans les reins, dans la vessie, etc.

CALLEUX, EUSE, nom qu'on donne à quelque tumeur osseuse.

CARIE, ulcération des os produite par une cause externe ou interne, et tendant à s'étendre, soit en largeur, soit en profondeur.

CARTILAGE, substance blanchâtre, polie, dure et élastique, formant l'extrémité des os.

CATAPLASME, application d'un remède externe d'une consistance molle, composé d'eau et de miettes de pain, de gommes ou de poudres végétales de différentes propriétés, etc.

CAUTÈRE ACTUEL, c'est appliquer des boutons de feu.

CAUTÉRISATION, action de brûler les chairs.

CÉCITÉ, perte de la vue.

CHARGE; on donne ce nom aux remèdes fortifians qu'on applique extérieurement.

CLAUDICATION, action de boiter.

CONSOMPTION, dépérissement ou amaigrissement du corps.

CORDIAL, ALE, se dit des remèdes propres à ranimer promptement les forces et à fortifier le cœur.

CUTANÉ, ÉE; maladie cutanée, signifie maladie de la peau.

DÉCLIVE, partie basse d'une tumeur, ce qui fait qu'on dit *humeurs déclives*.

DÉCOCTION, eau ou autre liqueur pourvue des vertus des plantes ou médicamens qu'on y a fait bouillir.

DÉPURATIF, IVE; on appelle ainsi les médicamens qui ont la propriété de dépurer la masse des humeurs. En général, les sucs amers des végétaux sont considérés comme dépuratifs.

Diabotanum, onguent composé de beaucoup de plantes ; il est ordinairement employé comme résolutif, maturatif et fondant.

Diaphragme, plan musculeux qui sépare la poitrine du bas ventre.

Digestif, ive, suc qui aide à la digestion. On l'emploie aussi pour mûrir la suppuration dans les plaies ; celui-ci est composé de térébenthine, d'huile rosat et de jaunes d'œufs.

Dislocation, déboitement des os.

Diurétique, se dit des remèdes qui ont la propriété de favoriser la secrétion des urines.

Eau végéto-minérale, ou Extrait de Saturne ; la préparation s'en fait avec du vinaigre ordinaire et de la litharge.

Ebrouer ; le cheval s'ébroue pour se débarrasser du mucus qui se trouve dans ses narines.

L'ébrouement est un mouvement convulsif produit par l'irritation de la membrane pituitaire.

Elevure, petite bube qui vient sur la peau.

Emmiellure, certaine quantité d'onguent dont on fait usage pour adoucir.

Emollient, ente ; se dit des remèdes qui relâchent et ramollissent les parties trop tendues.

Endémique ; on dit qu'une maladie est endémique, lorsqu'elle est particulière au pays où elle règne et aux animaux qu'elle affecte.

Enkysté, ée, se dit des tumeurs et des abtés, renfermés dans un sac, ou enveloppés d'une membrane qu'on appelle kyste.

ÉPANCHEMENT, se dit des fluides qui s'extravasent ou s'échappent de leurs vaisseaux.

ÉPIDÉMIE; on dit qu'une maladie est épidémique, lorsqu'elle dépend d'une cause commune et générale, mais accidentelle, répandue dans l'air ou provenant des alimens, et qu'elle cesse avec cette cause.

ÉPIZOOTIE; les maladies sont épizootiques lorsqu'elles sont contagieuses.

ESSENCE OU HUILE VOLATILE; il y en a de plusieurs espèces; elles sont des stimulans diffusibles.

ETHER SULFURIQUE OU VITRIOLIQUE; c'est un excellent calmant; on s'en sert beaucoup dans les breuvages donnés en potions.

ÉTUVER, signifie laver en appuyant doucement; on dit étuver une plaie, un ulcère, etc.

EXCRÉTION, action par laquelle la nature porte au dehors des matières qui lui sont à charge.

EXTENSION; le tendon fléchisseur du pied est souvent exposé à cet accident par l'ignorance de quelques maréchaux qui parent trop la fourchette, et qui laissent les éponges trop grosses et armées de crampons.

EXTRAVASION, action par laquelle le sang, les humeurs du corps s'épanchent hors de leurs vaisseaux, comme dans les contusions, etc.

FÉCALE, se dit des excrémens des animaux, auxquels on donne le nom de matières fécales.

FIBRE, nom des filamens déliés, élastiques,

extensibles et diversement dirigés, dont sont composées les parties du corps de l'animal.

FLUXION PÉRIODIQUE, maladie qui se montre et disparoît à différentes époques plus ou moins éloignées; les poulains y sont plus sujets que les chevaux faits. Elle peut être occasionnée par un brusque sevrage, un travail prématuré, des alimens secs donnés avant que les muscles des mâchoires aient assez de force, une dentition laborieuse et une gourme incomplète.

FOMENTATION; médicament liquide et chaud, appliqué extérieurement sur une partie malade qu'on veut ramollir, calmer, réchauffer, fortifier ou resserrer suivant les circonstances; on emploie à cet effet le vin, l'eau, une infusion ou une décoction végétale.

FOULURE, extension violente des ligamens d'une articulation; meurtrissure ou contusion externe causée par quelque compression.

FRICTION; frottement exercé sur la peau pour réveiller l'action tonique, accélérer la circulation, ouvrir les pores et faciliter la transpiration. Les frictions sont sèches ou humides; les premières se font avec un bouchon de paille; les autres avec des huiles, des onguens, des linimens, des spiritueux, etc.

FUMIGATION, action d'exposer le corps de l'animal ou quelqu'une de ses parties à la fumée ou à la vapeur de quelque substance.

GLANDES, organes d'une texture molle, grenue, lobuleuse, recouverts d'une membrane, et destinés à séparer du sang quelque liquide particulier, ou seulement à perfectionner et élaborer la lymphe. Celles qui servent à perfectionner la lymphe, s'appellent *conglobées* ou *glandes lymphatiques*.

INDOLENT, ENTE, se dit d'une partie qui n'a nul sentiment de la douleur.

INFUSION, se dit lorsqu'on verse une liqueur bouillante sur une substance pour en extraire les vertus médicamenteuses.

INJECTION, c'est l'action d'introduire un liquide dans une cavité du corps par le moyen d'une seringue.

JUGULAIRE, veine qui règne le long de l'encolure, à laquelle on pratique la saignée ordinaire. Elle sert aussi à l'exploration du pouls à la ganache.

LIGAMENT, substance fibreuse qui avoisine les articulations, et concourt à maintenir les os en situation.

LINIMENT, topique onctueux, de consistance moyenne, dont on frotte différentes parties du corps ; il est composé d'huiles, de graisses, de baumes, et de tout ce qui entre dans les onguens et les emplâtres.

LOMBES, région postérieure du corps, depuis le dos jusqu'aux hanches.

LOTION, action de laver en promenant sur la surface de la partie affectée un linge trempé dans du liquide.

LYMPHE, liquide blanc, formé du mélange du chyle et d'un produit du sang.

MATURATIF, IVE ; nom qu'on donne aux médicamens dont la propriété est de favoriser la suppuration d'un abcès.

MAUVE, ses feuilles sont employées à l'extérieur comme émollientes.

(276)

Meurtrissure, accident qui arrive lorsqu'un cheval reçoit un coup de pied, et lorsqu'il fait de grands efforts pour se dégager
d'un objet qui l'embarrasse.

Mucilagineux, euse; on dit qu'un remède
est mucilagineux, lorsqu'il contient des substances douces, ou gluantes, qu'on tire des
racines et des semences de certaines plantes.

Mucosité, matière secrétée en abondance
par les membranes muqueuses, et surtout
par celle qui tapisse les cavités nasales et les
bronches; elle est visqueuse et gluante.

Muscle, organe charnu, fibreux et irri-
table, dont les extrémités tendineuses s'em-
plantent aux os qu'elles meuvent en divers
sens.

Muraille du pied, portion du sabot qui
revêt la face antérieure du pied.

Oxymel simple, mélange de miel et de
vinaigre.

Palliatif, ive; on donne ce nom à des
remèdes propres à empêcher un mal de faire
des progrès.

Phlogose, inflammation interne ou externe, accompagnée d'ardeur et de chaleur
non naturelle sans tumeur.

Plumasseau, étoupe ou tissu de charpie
replié et aplati, dont l'usage est de couvrir
des plaies, d'arrêter les hémorragies légè-
res, etc.

Pouls, battement des artères produit par
l'impulsion que le sang reçoit du ventricule
du cœur. *Le pouls est fort* quand les battemens sont fermes et vigoureux; *il est grand*
quand les battemens produisent une grande

dilatation de l'artère ; *il est dur* quand l'artère résiste sous le doigt ; *il est fréquent* quand les battemens se réitèrent souvent ; *il est prompt* quand le battement s'exécute en peu de temps ; *il est égal* quand les battemens sont bien égaux ; *il est intermittent* quand les battemens manquent par intervalles ; *il est ondoyant* quand les battemens forts et foibles se succèdent alternativement ; *il est formicant* quand les battemens sont foibles, petits et fréquens ; *il est convulsif* quand l'artère est tendue, serrée et inégale dans les battemens. Au reste, l'âge, le tempérament et le climat influent beaucoup sur le pouls.

Purulent, ente, matière séreuse mêlée de pus.

Pus, liqueur onctueuse, blanche, épaisse, qui se forme dans les abcès, les plaies et les ulcères.

Pustule, petite tumeur inflammatoire qui se termine par la suppuration.

Répercutifs, nom qu'on donne aux médicamens qui, appliqués à l'extérieur sur quelques parties engorgées, font refluer à l'intérieur les liquides qui les engorgent. L'usage de ces médicamens exige beaucoup de circonspection.

Résolutif, ive ; nom qu'on donne aux remèdes qu'on emploie pour résoudre par degrés, divers engorgemens, surtout ceux qui ont le siège dans le système lymphatique.

Secrétion, fonction qui s'opère dans divers organes, par le moyen de laquelle se composent la bile, l'urine, le lait, etc.

Séton, petit cordon ou mêche qu'on passe

avec une aiguille à travers la peau et le tissu cellulaire afin de déterminer une secrétion d'humeurs.

Spasme, contraction involontaire des muscles.

Squirre, tumeur dure, indolente et circonscrite, laquelle a ordinairement son siège dans les glandes lymphatiques.

Sudorifique, se dit des remèdes qui provoquent la sueur.

Tension, état des parties qui ont perdu leur souplesse naturelle. Dans les tumeurs inflammatoires, la tension est ordinairement un des premiers symptômes.

Tonique, nom des remèdes tant internes qu'externes, qui ont la propriété de fortifier, c'est-à-dire, de maintenir, de rétablir ou d'augmenter le ton du système en général, ou de quelqu'organe en particulier.

Topique, nom des remèdes externes qu'on applique sur les parties malades du corps ; tels sont les emplâtres, les onguens, les cataplasmes, etc.

Trachéotomie ; on appelle ainsi l'opération d'une incision faite à la trachée-artère.

Tumeur, enflure accidentelle produite par une congestion d'humeurs.

Ulcère, plaie qui s'entretient en suppuration par un vice local ou interne.

Viscères, se dit des parties de l'animal destinées à quelques fonctions, et contenues dans les cavités splanchniques, la tête, le thorax et l'abdomen.

FIN.

TABLE

DES MATIÈRES.

CHAPITRE VI.

*De l'âge du cheval et des moyens qu'il
faut employer pour reconnoître les allures défectueuses.*

TROISIÈME PARTIE.

CHAPITRE PREMIER.

CHAPITRE II.

CHAPITRE III.

FIN DE LA TABLE.

Le Nom et la Situation des Parties extérieures du Cheval.

Lithographie de Souillier, à Dijon.

Le Galop uni à droite.

Le Galop faux à droite.

Le Galop uni à gauche.

Le Galop faux à gauche.

Le Galop désuni du devant à droite.

Le Galop désuni du derrière à droite.

Le Galop désuni du devant à gauche.

Le Galop désuni du derrière à gauche.

1730

Maladies du Cheval.

Maladies de l'Avant-Main
- Mal de Tête.
- Feu.
1. Vertigo.
- Mal de Tête de Contagion.
2. Mal de Taupe.
3. Fluxions Coup sur l'œil.
- Lunatique.
- Dragon.
- Taie.
- Onglet.
4. Étranguillon ou Esquinancie
- Avives.
- Gourme, fausse Gourme.
5. Rhume. Morfondement.
- Morve.
- Barbillons, Lampas.
- Surdents.
6. Barres, et Langue blessées.
- Poussanesse.
- Tic.
7. Mal de Cerf.
8. Tumeurs, blessé sur le Garot.
9. Effort d'Épaule, faux écart.
10. Avant-Cœur.
11. Écorche entre les Ars.
12. Loupes
13. Malandres.
14. Effort du Genou.
15. Suros, Fusées, Osselet.
16. Morforure.
17. Jambes foulées, usées.
- Entorse, Mémarchure.
18. Blessures sur le Boulet.
- Molettes, Ganglions
- Enchevêtrure.
19. Javars, Atteintes.
- Formes.
-. Crapaudine.
20. Peignes, Grapes.
- Matière soufflée au poil.
- Fourbure.
- Méchans pieds.
- Encastelure.
- Cynoras dans les Pieds.
- Dessole de nouveau.
- Bleimes.
21. Lèpre.
- Solbature.
- Pieds douloureux.
- Étonnement de Sabot.
- Teignes.
- Enclouure.

Maladies du Corps.
- Fièvre.
- Farcin.
- Courbature.
22. Pousse.
- Toux.
- Graisfondure.
- Flux de ventre.
- Vers.
- Jaunisse.
- Tranchées.
- Rétention d'Urine.
23. Fortraiture.
- Cheval maigre dégouté.
24. Blessure sous la Selle, sur les Rognons, Cors.
- Effort des Reins.
- Gale.
25. Enflure de Bourses sous le Ventre, et autres Enflures.

Maladies de l'Arrière-Main
26. Cheval épointé, éhanché.
- Effort du Jarret.
- Fondement qui tombe.
- Chute de Membre, Matrice.
- Hernies.
27. Vessignon.
28. Courbe
29. Varisse.
30. Éparvin.
31. Jardon.
32. Capelet.
33. Solandres.
- Queues de Rat.
- Eaux des Jambes.
- Mules traversières.
- Poireaux, Verrues.
- Fic.